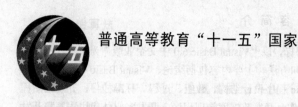

普通高等教育"十一五"国家级规划教材

Visual Basic 程序设计

（第三版）

孙 俏 主 编
董华松 朱丽萍 副主编

内 容 简 介

本书围绕"Visual Basic 语言"课程教学目标，以"Visual Basic 6.0 中文企业版"为平台，从应用出发，系统地介绍了 Visual Basic 的基本理论和方法。主要内容包括绪论、Visual Basic 6.0 程序设计步骤、Visual Basic 程序设计基础、Visual Basic 程序设计结构、数组、过程、标准控件、开发绘图程序、响应键盘与鼠标事件、界面设计、文件操作、开发数据库管理程序、开发多媒体应用程序和开发网络应用程序。本书强调理论结合实际，兼顾 2013 版全国计算机等级考试大纲和 Visual Basic 语言在数据库、多媒体和网络等方面的应用，书中的提高知识可供不同专业学生选修。

本书被评为普通高等教育"十一五"国家级规划教材，适合作为高校非计算机专业教材，也可作为准备参加计算机等级考试的人员用书。

图书在版编目（CIP）数据

Visual Basic 程序设计 / 孙俏主编. — 3 版. — 北京：
中国铁道出版社，2015.9（2017.1 重印）
普通高等教育"十一五"国家级规划教材
ISBN 978-7-113-20739-7

Ⅰ.①V… Ⅱ.①孙… Ⅲ.①BASIC 语言－程序设计－
高等学校－教材 Ⅳ.①TP312

中国版本图书馆 CIP 数据核字(2015)第 166172 号

书　　名：Visual Basic 程序设计（第三版）
作　　者：孙　俏　主编

策　　划：周海燕
责任编辑：周海燕　鲍　闻
封面设计：付　巍
封面制作：白　雪
责任校对：汤淑梅
责任印制：李　佳

出版发行：中国铁道出版社（100054，北京市西城区右安门西街 8 号）
网　　址：http://www.51eds.com
印　　刷：三河市航远印刷有限公司

版　　次：2005 年 8 月第 1 版　2009 年 5 月第 2 版　2015 年 9 月第 3 版　2017 年 1 月第 3 次印刷
开　　本：787mm×1 092 mm　1/16　印张：16.25　字数：377 千
书　　号：ISBN 978-7-113-20739-7
定　　价：38.00 元

版权所有　侵权必究

凡购买铁道版图书，如有印制质量问题，请与本社教材图书营销部联系调换。电话：(010) 63550836
打击盗版举报电话：(010) 51873659

前言（第三版）

本书是在普通高等教育"十一五"国家级规划教材《Visual Basic 程序设计》（第二版）的基础上，经过精心修订而成的。修订时对结构与内容进行了调整与完善，主要体现在如下几个方面：

（1）"计算思维"是近年来由计算机教育界提出的一个新概念，很多高校均在计算机基础性课程教学中引入了计算思维的理念。本书从扩展和培养计算思维能力方面着手，结合培养学生"计算思维"的理念，在程序设计中包含了三个层次的内容：计算思维意识、计算思维方法、计算思维能力。本书无论知识点还是实例，都更强调算法、模型等思维训练的方法，以帮助学生学会用计算理论的思想分析实际问题，掌握对实际问题进行数据化表达的思路，选取合理的方式处理问题。

（2）本书顺应现在高校对基础课程的学时与内容的调整趋势，使教师更容易结合"翻转式"教学等方法进行教学。通过重新梳理主教材与习题集的配套关系，调整主教材与配套实验指导的知识点组成与例题，将部分知识点放在实验指导中，通过上机实验或者自学方式完成，提供给学生更多的自主学习内容。

（3）修订课后习题，增加近期计算机等级考试二级 Visual Basic 的原题，选择题、填空题部分几乎都来自于 2010 年以后的考试真题，使教材能及时反映等级考试现状与重点。

全书由孙俏任主编并统稿，董华松、朱丽萍任副主编。

编　者
2015 年 5 月

目 录

第 0 章 绪论 1
  0.1 程序与程序设计语言 1
  0.2 程序设计方法 2
    0.2.1 结构化的程序设计 2
    0.2.2 面向对象的程序设计 3
  0.3 算法 4
    0.3.1 算法的概念 4
    0.3.2 算法的描述 4
    0.3.3 算法策略 4
  0.4 计算思维 5
  小结 6
  思考与练习题 6

第 1 章 Visual Basic 6.0 简介 8
  1.1 Visual Basic 6.0 概述 8
    1.1.1 Visual Basic 6.0 的启动和退出 8
    1.1.2 Visual Basic 6.0 的集成开发环境 9
  1.2 Visual Basic 程序概述 14
    1.2.1 程序特点 14
    1.2.2 面向对象思想 15
  小结 17
  思考与练习题 17

第 2 章 Visual Basic 6.0 程序设计步骤 19
  2.1 一个简单的 Visual Basic 6.0 程序 19
    2.1.1 应用程序的设计步骤 20
    2.1.2 一个简单的应用程序 21
  2.2 窗体 24
  2.3 常用控件 27
    2.3.1 CommandButton 控件 27
    2.3.2 Label 控件 28

          2.3.3 TextBox 控件 28
          2.3.4 实例 29
   小结 30
   思考与练习题 30

第 3 章 Visual Basic 程序设计基础 33

   3.1 数据类型 33
       3.1.1 基本数据类型 33
       3.1.2 标识符与保留字 34
       3.1.3 常量 34
       3.1.4 变量 36
       3.1.5 用户自定义数据类型 39
   3.2 运算符和表达式 40
       3.2.1 赋值运算符与赋值表达式 40
       3.2.2 算术运算符与算术表达式 40
       3.2.3 关系运算符与关系表达式 40
       3.2.4 逻辑运算符与逻辑表达式 41
       3.2.5 字符串运算符与字符串表达式 42
       3.2.6 运算符的优先级 42
   3.3 常用内部函数 42
       3.3.1 数学函数 42
       3.3.2 字符串函数 43
       3.3.3 随机函数 43
       3.3.4 数据类型转换函数 44
       3.3.5 日期函数 44
       3.3.6 输入/输出函数 45
   3.4 实例 48
   小结 49
   思考与练习题 49

第 4 章 Visual Basic 程序设计结构 53

   4.1 概述 53
   4.2 顺序结构 53
   4.3 选择结构 54
       4.3.1 If 语句 54
       4.3.2 Select Case 语句 57
       4.3.3 选择结构的嵌套 58
   4.4 实例 59

4.5 循环结构程序设计 62
4.5.1 While...Wend 语句 62
4.5.2 For...Next 语句 62
4.5.3 Do...Loop 语句 63
4.5.4 循环结构的嵌套 65
4.6 实例 66
小结 69
思考与练习题 70

第 5 章 数组 74

5.1 静态数组 74
5.1.1 概述 74
5.1.2 一维数组 77
5.1.3 二维数组 80
5.2 动态数组 81
5.3 实例 82
5.4 控件数组 90
5.4.1 创建控件数组 91
5.4.2 控件数组的使用 92
小结 94
思考与练习题 95

第 6 章 过程 99

6.1 概述 99
6.2 Function 过程 100
6.2.1 Function 过程的定义 100
6.2.2 Function 过程的调用 101
6.3 Sub 过程 104
6.3.1 事件过程 104
6.3.2 Sub 过程的定义 104
6.3.3 Sub 过程的调用 105
6.4 参数传递 106
6.4.1 形参与实参 106
6.4.2 参数传递方式 106
6.4.3 数组做参数 108
6.4.4 对象做参数 110
6.5 可选参数和可变参数 112
小结 113
思考与练习题 114

第 7 章　标准控件 118

7.1　概述 118
7.2　Frame 控件 119
7.3　CheckBox 控件 120
7.4　OptionButton 控件 121
7.5　Timer 控件 122
7.6　ScrollBar 控件 123
7.7　ListBox 控件 124
7.8　ComboBox 控件 127
7.9　实例 127
小结 129
思考与练习题 129

第 8 章　开发绘图程序 134

8.1　概述 134
8.1.1　默认坐标系及度量单位 134
8.1.2　用户自定义坐标系 135
8.2　绘图属性 136
8.2.1　ForeColor 属性 136
8.2.2　DrawWidth、DrawStyle 属性 137
8.3　绘图方法 138
8.3.1　PSet 方法 138
8.3.2　Line 方法 139
8.3.3　Circle 方法 140
8.3.4　Point 方法 142
8.4　绘图控件 142
8.4.1　Shape 控件 142
8.4.2　Line 控件 142
8.4.3　Image 控件 142
8.4.4　PictureBox 控件 143
8.4.5　实例 144
小结 145
思考与练习题 145

第 9 章　响应键盘与鼠标事件 148

9.1　键盘事件 148
9.1.1　KeyPress 事件 148

    9.1.2 KeyDown 事件和 KeyUp 事件 149

    9.1.3 KeyPress 事件与 KeyDown 事件区别 149

    9.1.4 实例 150

  9.2 鼠标事件 152

  9.3 拖放操作 154

  小结 157

  思考与练习题 157

第 10 章　界面设计 160

  10.1 菜单 160

    10.1.1 下拉式菜单 160

    10.1.2 弹出式菜单 163

    10.1.3 实例 163

  10.2 对话框 165

    10.2.1 CommonDialog 控件 166

    10.2.2 实例 171

  10.3 工具栏 173

    10.3.1 ImageList 控件 173

    10.3.2 ToolBar 控件 174

    10.3.3 实例 176

  10.4 多重窗体 179

    10.4.1 多文档用户界面 180

    10.4.2 闲置循环与 DoEvents 语句 181

  小结 182

  思考与练习题 182

第 11 章　文件操作 185

  11.1 概述 185

  11.2 文件的操作 186

    11.2.1 文件的打开与关闭 187

    11.2.2 文件系统的其他操作语句和函数 188

  11.3 顺序文件 190

    11.3.1 顺序文件的操作 190

    11.3.2 实例 192

  11.4 随机文件 195

    11.4.1 随机文件的操作 195

    11.4.2 实例 197

  11.5 文件系统控件 200

11.5.1	DriveListBox 控件	200
11.5.2	DirListBox 控件	201
11.5.3	FileListBox 控件	202
11.5.4	组合文件系统控件	202
11.5.5	实例	203

小结 204
思考与练习题 204

第 12 章　开发数据库管理程序 208

12.1　数据库基础知识 208
  12.1.1　数据库的基本概念 208
  12.1.2　SQL 语言 209
12.2　Access 数据库管理系统 210
12.3　数据库控件 212
  12.3.1　Adodc 控件的基本属性 213
  12.3.2　TextBox 控件的基本属性 215
  12.3.3　DataGrid 控件的基本属性 216
12.4　Adodc 控件的高级成员 217
  12.4.1　Refresh 方法 217
  12.4.2　RecordSet 属性 218
  12.4.3　数据操作方法 219
12.5　实例 220

小结 224
思考与练习题 224

第 13 章　开发多媒体应用程序 226

13.1　概述 226
13.2　MMControl 控件 226
  13.2.1　MMControl 控件的常用基本属性 227
  13.2.2　MMControl 控件编程的步骤 228
  13.2.3　实例 229
13.3　WindowsMediaPlayer 控件 231
  13.3.1　WindowsMediaPlayer 控件的添加 231
  13.3.2　WindowsMediaPlayer 控件的常用成员 232
  13.3.3　实例 232
13.4　API 多媒体函数 233
  13.4.1　API 函数声明 233
  13.4.2　API 多媒体函数 234

  13.4.3 实例 234
 小结 235
 思考与练习题 235

第14章 开发网络应用程序 236

 14.1 概述 236
 14.2 Internet Transfer 控件 237
  14.2.1 Internet Transfer 控件属性 237
  14.2.2 Internet Transfer 控件方法 239
  14.2.3 Internet Transfer 控件事件 240
  14.2.4 实例 241
 14.3 Web Browser 控件 243
  14.3.1 Web Browser 控件属性 244
  14.3.2 Web Browser 控件方法 244
  14.3.3 Web Browser 控件事件 244
  14.3.4 实例 244
 小结 246
 思考与练习题 246

参考文献 248

第 0 章

绪 论

本章主要介绍在程序设计中所涉及的一些基本概念。程序是操作计算机完成特定任务的指令的集合,由程序设计语言来实现。程序设计语言的核心是指令与如何使用指令的规则。在进行程序设计前,首先要了解程序、算法的概念以及怎样使用流程图进行算法描述。算法是用来描述程序的实现步骤,在编写程序之前,应该明确解决问题的步骤,也就是用算法来设计程序,然后再使用程序设计语言实现程序。程序设计常使用两种不同的方法:结构化的程序设计和面向对象的程序设计。计算思维是计算机科学发展对人类思维产生的特定影响,现在已成为一种基本思考方式与技能。用计算机解决实际问题的步骤:分析问题、建立模型、设计算法以及编写程序。

本章要点

- 程序与程序设计语言。
- 程序设计方法。
- 算法
- 计算思维。

0.1 程序与程序设计语言

程序是操作计算机完成特定任务的指令的集合,由程序设计语言来实现。

程序设计语言的核心是指令与如何使用指令的规则。程序设计语言可分为机器语言、汇编语言和高级语言。

1. 机器语言

机器语言由二进制数字 0 和 1 组成。

例如,完成 1+2 的运算,需要使用 10111000 命令将加数 1(1 用二进制的数据表示为 00000001)保存起来,然后使用 00000100 命令完成 1+2 的运算(2 用二进制的数据表示为 00000010)。机器语言的代码如下:

```
10111000
00000001
00000100
00000010
```

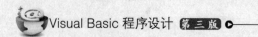

机器语言与硬件有关，不同的 CPU 有着自己的机器语言。它难以编写和维护，但是可以被计算机直接识别并执行。

2．汇编语言

汇编语言用一些符号表示机器语言中的指令。

例如，完成 1+2 的运算，需要使用 MOV 命令将加数 1 保存在累加器 AL 中，然后使用 ADD 命令完成 1+2 的运算。汇编语言的代码如下：

```
MOV AL,1
ADD AL,2
```

汇编语言比机器语言更加容易理解与维护，但依然依赖硬件。

3．高级语言

高级语言更加接近自然语言，所以它的代码简短、易学易用。

例如，完成 1+2 的运算，高级语言的代码如下：

```
x=1+2
```

汇编语言和高级语言编写的程序都不能被计算机直接执行，而要通过翻译程序将其转换为计算机可直接执行的机器语言代码，之后再执行。

Visual Basic 属于高级语言，常见的高级语言还有 C 语言、C++语言、Java 语言等。

0.2 程序设计方法

程序设计方法（或者说程序设计思想）主要分为两类：结构化的程序设计和面向对象的程序设计。其中结构化的程序设计是早期提出的程序设计方法，而面向对象的程序设计则是在其基础上发展而来的。Visual Basic 语言体现了这两种程序设计方法。

0.2.1 结构化的程序设计

结构化的编程思想将程序设计划分为 3 种基本结构，即顺序结构、选择结构和循环结构。每种结构支持的程序流程不同。

1．顺序结构

当需要按照语句的先后次序，从上到下依次执行每条语句时，采用顺序结构。

2．选择结构

当需要根据某个条件，有选择地执行程序的不同部分时，采用选择结构。

3．循环结构

当需要根据某个条件是否成立，决定是否反复执行某段程序时，采用循环结构。

无论是复杂还是简单的程序，都可以由这三种基本结构实现。这样就将程序划分为一个个小的基本结构，提高了程序的清晰度和可维护性。以上三种结构可以使用标准流程图进行表示，如图 0-1 所示。

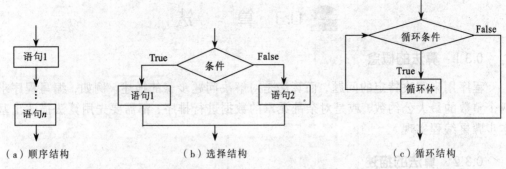

图 0-1 三种程序设计结构流程图

0.2.2 面向对象的程序设计

所有的程序设计语言都可进行不同程度的抽象。结构化程序设计语言主要依靠基本结构对程序进行抽象，编程人员需要考虑整个程序的流程，依据流程的不同采用不同结构实现程序的各个部分。面向对象的程序设计针对解决的问题，可以在更高层次上进行抽象，这主要涉及类的概念。

1．类

面向对象的程序设计思想将现实中的同类事物抽象成"类"。例如，"车"可以抽象成一个类，这类事物具有一些共同特性。类可以有多个抽象层次，较高抽象层次的类称为"父类"，较低抽象层次的类称为"子类"。例如，"车"作为父类，可以划分为"跑车""轿车""越野车""货车"等子类。每个子类中的事物具有共同特性，不同子类中的事物有一部分特性不同。

2．对象

"类"是抽象的概念，类中的每个具体事物称为该类的"对象"。对象是类的实例，所以每个对象都有自己的特性值。

例如，"轿车"类中某个具体车牌为"京 A123456"的轿车则为一个具体的对象。类的对象有共有的特征，静态特征有"属性"，动态特征有"事件"和"方法"。

3．属性

属性用来描述对象的静态特征，属性值决定了对象的名字、外观等特点。

例如，"轿车"类有"车牌""品牌""型号""颜色""是否为四轮驱动"等属性。类中不同对象会有不同的属性取值。

4．事件

事件用来描述对象的动态特征。事件是由用户来触发的，类中的对象会在事件发生时，执行相应的动作。例如，"车"类中的对象，都具有"踩刹车"这一事件。

5．方法

方法用来描述对象的动态特征。与事件不同，方法无须外界触发，只须直接执行即可。例如，"车"类中的对象，都具有"停止"这个方法。

Visual Basic 程序设计体现了面向对象和结构化程序设计两种思想，即总体是面向对象的程序设计思想，而在每个对象内部编程时则采用结构化的编程思想。

0.3 算法

0.3.1 算法的概念

程序用来解决特定的问题，而算法是对解决问题步骤的描述。例如，编写程序求两个整数的最大公约数，或是对杂乱无章的数据进行排序，都需要先用算法描述出基本步骤再编程实现。

0.3.2 算法的描述

算法本身也可以采取不同的方式描述，标准的方式是采用程序流程图描述。程序流程图是使用图形来描述算法，这些图形有固定含义，类似于建筑中使用的工程制图。

标准流程图涉及的图形及其含义如表 0-1 所示。

例如，要输出进行两个数据中较大的数据，可利用标准流程图进行描述，如图 0-2 所示。

表 0-1 标准流程图的图形及含义

图 形	含 义
◯ 或 ●	表示程序的开始或终止
▭	普通处理步骤
▱	数据的输入或输出
◇	判断条件
↓	表示程序流转的方向

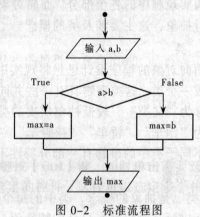

图 0-2 标准流程图

0.3.3 算法策略

算法策略是计算机科学解决问题的通用的方法，也就是在问题空间中随机搜索所有可能的解决问题的方法，直至选择一种有效的方法解决问题。常见的算法策略有穷举算法、贪心算法、分治算法、回溯算法等。

1. 穷举算法

穷举算法是指将问题所有的可能解逐一进行判断，找出满足条件的解。

例如，要破解 3 位数密码，穷举法在 000～999 的范围内，依次进行判断，一直到碰对为止。

2. 贪心算法

贪心算法从问题的某一个初始解出发逐步逼近给定的目标，以尽可能快地求得更好的解。当达到某算法中的某一步不能再继续前进时，算法停止，得到问题的一个解。

例如，收银员在找回顾客 32 元 3 角钱时，假定所有面额都在，他会在快速选取零钱数量最少的一种找法：一张 20 元，一张 10 元，两张 1 元，三张 1 角钱。

3．分治算法

分治算法是将问题分解为规模较小的子问题，这些子问题相互独立且与原问题性质相同。求出子问题的解再合并，就可得到原问题的解。

例如，在活动中以最快速度猜测商品价格，猜对获胜。如果价格范围是 1～100，先猜测中间数 50；如果高了，就在 1～49 之间再选择中间数 25；如果 25 低了，在 26～49 之间选择中间数进行猜测，依此类推直到猜对为止。

4．回溯算法

回溯算法实际上一个搜索尝试过程，主要是在搜索尝试过程中寻找问题的解，当发现已不满足求解条件时，就"回溯"返回，尝试别的路径。

例如，在走迷宫时，采用的就是回溯算法，试探开始一条路，如果走不通，再退回去尝试下一条路。

0.4 计算思维

理论科学、实验科学和计算科学作为科学发现三大支柱，正推动着科技发展。一般而论，三种科学对应着三种思维：其中，理论科学对应着理论思维或称为推理思维，以推理和演绎为特征，以数学学科为代表；实验科学对应着实验思维，以观察和总结自然规律为特征，以物理学科为代表；计算科学对应着计算思维：以设计和构造为特征，以计算机学科为代表。

计算思维是运用计算机科学的基础概念进行问题求解、系统设计，以及人类行为理解等涵盖计算机科学之广度的一系列思维活动。

计算思维是计算机科学发展对人类思维产生的特定影响，现在已成为一种基本思考方式与技能。用计算机解决实际问题的步骤：分析问题、建立模型、设计算法，以及编写程序。计算思维的本质是计算手段机械化，计算过程形式化，计算执行自动化。

当我们必须求解一个特定的问题时，首先会问：解决这个问题有多么困难？怎样才是最佳的解决方法？计算机科学根据坚实的理论基础来准确地回答这些问题。表述问题的难度就是工具的基本能力，必须考虑的因素包括机器的指令系统、资源约束和操作环境。计算思维可以总结为合理抽象、高效算法。

程序设计语言包含着如下计算思维的概念。

1．数据的组织

数据在处理前，根据需要可能划分不同的类型，进行不同方式的处理。基本类型不满足要求时，就需要使用高级的数据结构。对于复杂的处理对象，还可以将数据与操作封装起来。这部分内容主要在基本数据类型、数组、面向对象思想等章节中进行介绍。

2．结构的模块化

复杂的问题可以将问题分割成若干子问题逐个求解，这涉及程序设计中模块化的思想。这个思想主要体现在面向对象与过程这一部分。

3．数据的传递

不同对象或者不同模块之间需要进行数据的交换或者消息的传递，对于数据传递或共享的问题，在程序设计中主要采用变量作用域以及模块间参数传递解决。这些内容包含在本书中变量、过程等章节中。

4．数据的处理

数据处理中，涉及一些基本算法：排序、查找、数据添加、删除、求素数、求公约数等；还有一些算法策略的选择：穷举、递归等。本书在数组、循环等章节涉及这些算法与算法策略。

小　　结

本章主要介绍了程序、程序设计语言、算法的概念，以及怎样使用流程图进行算法描述。程序设计有两种不同的方法：结构化的程序设计和面向对象的程序设计。Visual Basic程序设计体现了这两种思想，即总体是面向对象的程序设计思想，在每个对象内部编程时则采用结构化的编程思想。用计算机解决实际问题的步骤：分析问题、建立模型、设计算法，以及编写程序。计算思维是计算机科学发展对人类思维产生的特定影响，现在已成为一种基本思考方式与技能。在程序设计语言中，数据类型、程序设计结构、过程、面向对象思想、算法等无不体现计算思维。

思考与练习题

一、思考题

1. 程序设计语言分为哪几种？每种语言的特点是什么？
2. 什么是算法？算法的描述方法有哪些？
3. 什么是结构化和面向对象的程序设计思想？
4. 结构化程序设计包括哪些基本结构？每种结构何时使用？
5. 面向对象程序设计中对象的属性、事件和方法在程序代码中都是怎样引用的？
6. 在Visual Basic中，对象的事件和方法有什么区别？

二、选择题

1. （　　）是操作计算机完成特定任务的指令的集合。
   A．程序　　　　　B．算法　　　　　C．程序设计语言　　　　D．以上均错
2. 对象的静态特征由（　　）来体现。
   A．类　　　　　　B．属性　　　　　C．事件　　　　　　　　D．方法
3. 类是具有共同特征的事物的抽象概念，对象是类的（　　）。
   A．事件　　　　　B．属性　　　　　C．方法　　　　　　　　D．实例
4. Visual Basic是一种面向对象的可视化程序设计语言，其中（　　）不是面向对象系统所包含的三要素。
   A．变量　　　　　B．事件　　　　　C．属性　　　　　　　　D．方法
5. 有如下程序代码：

```
Form1.Caption="Visual Basic实例"
```

则 Form1、Caption 和"Visual Basic 实例"分别代表（　　　）。
  A. 对象、值、属性　　　　　　B. 对象、方法、属性
  C. 对象、属性、值　　　　　　D. 属性、对象、值

三、填空题

1. 程序设计语言按照从低级到高级的发展阶段，分为_____、_____、_____语言。
2. Visual Basic 是一种面向_____的程序设计语言。
3. 一只白色的足球被踢进球门，则白色、足球、踢、进球门是_____、_____、_____、_____。
4. Visual Basic 是用于开发_____环境下的应用程序的工具。
5. 能被对象所识别的动作与对象可执行的活动分别称为对象的_____、_____。
6. 结构化的程序设计思想包括3种基本结构，分别是_____、_____、_____。

四、设计题

1. 使用标准程序流程图描述如下问题：交换两个输入数据 a 和 b 的值，并输出结果。
2. 使用标准程序流程图描述如下问题：输入圆的半径，计算圆的面积并输出结果。
3. 使用标准程序流程图描述如下问题：根据输入的员工工龄，对超过10年工龄的员工将其现有月工资提高100元。
4. 使用标准程序流程图描述如下问题：连续输入10个员工工资，求其平均值。
5. 以上问题都涉及结构化程序设计的哪种结构？为什么？

第1章 Visual Basic 6.0 简介

Visual Basic 6.0 是 Microsoft 公司推出的一种可视化、面向对象的程序设计语言。它灵活易用，已成为软件开发专业人员和非专业人员开发基于 Windows 应用程序的强大工具。本章讨论了 Visual Basic 6.0 的集成开发环境，以及程序基本组成与特点。

本章要点

- Visual Basic 6.0 概述。
- Visual Basic 6.0 的集成开发环境。
- Visual Basic 程序组成与特点。

1.1 Visual Basic 6.0 概述

先来了解一下 Visual Basic 的含义。Visual 是可视的，指的是开发图形用户界面（GUI）的方法。用户无须编写大量代码去描述界面元素的外观和位置，只要把预先建立的对象拖放到屏幕上即可。Basic 指 Visual Basic 是基于 BASIC 语言发展而来的。

Visual Basic 6.0 集成开发环境可以允许用户进行程序的设计、运行与调试。Visual Basic 6.0 分为学习版、专业版与企业版。

1.1.1 Visual Basic 6.0 的启动和退出

可以按照如下步骤启动 Visual Basic 6.0，进入它的集成开发环境（IDE）：

（1）在 Windows 系统中，依次选择"开始"→"程序"→"Microsoft Visual Basic 6.0 中文版"→"Microsoft Visual Basic 6.0 中文版"命令，弹出"新建工程"对话框，如图 1-1 所示。

在该对话框中有 3 个选项卡，即"新建""现存"和"最新"选项卡。

"新建"选项卡用于新建一个工程，可以根据用户的需要选择工程类型，默认的是"标准 EXE"工程；"现存"选项卡用于打开一个已有的工程；"最新"选项卡用于打开一个最近使用过的工程。

（2）在"新建"选项卡中选择新建一个"标准 EXE"工程，就可以进入 Visual Basic 6.0 的集成开发环境，如图 1-2 所示。

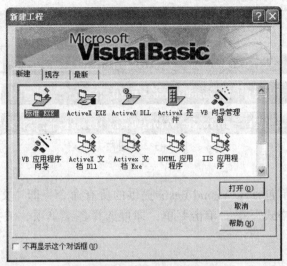

图 1-1 "新建工程"对话框

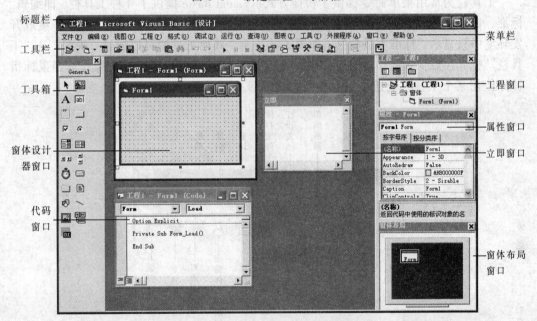

图 1-2 Visual Basic 6.0 集成开发环境

（3）单击标题栏的"关闭"按钮或依次选择"文件"→"退出"命令，就可以退出 Visual Basic 6.0 的集成开发环境。

1.1.2 Visual Basic 6.0 的集成开发环境

Visual Basic 6.0 的集成开发环境主要由标题栏、菜单栏、工具栏、窗体设计器窗口、工程窗口和工具箱等组成。

1．标题栏

标题栏位于最上方，显示工程名称和 Visual Basic 的 3 种工作状态之一。"设计"状态下可以进行界面设计与代码编写；"运行"状态可以看到程序运行的结果；"中断"状态下,标题栏显示"[break]",用户可以查看程序运行的中间结果,如图 1-3 所示。

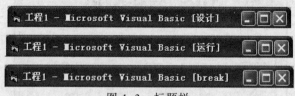

图 1-3　标题栏

2．菜单栏

菜单栏中的菜单包括了 Visual Basic 提供的所有命令,即"文件""编辑""视图""工程"和"格式"等。单击菜单,即可选择各菜单项,或执行该菜单项的快捷键。

3．工具栏

工具栏为常用菜单命令提供了快捷方式。Visual Basic 提供了 4 种工具栏,即编辑、标准、窗体编辑器和调试。用户可根据需要定义自己的工具栏。一般情况下,集成开发环境中只显示"标准工具栏",如图 1-4 所示。其他工具栏可以通过"视图"→"工具栏"打开(或关闭)。单击工具栏中的某个按钮,即可以执行相应操作。当鼠标指针停留在某个工具栏按钮上时,就可以显示该按钮的提示。

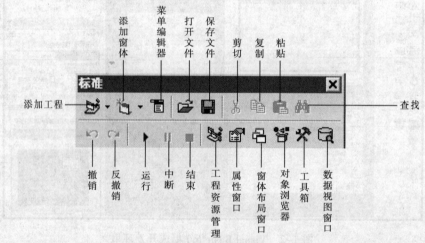

图 1-4　标准工具栏

工具栏都有固定和浮动两种形式。通过鼠标拖动工具栏最左端的双杠线,就可把固定工具栏变为浮动工具栏;如果双击浮动工具栏的标题栏,则可将其变为固定工具栏。

4．工程窗口

一个复杂的应用程序包含多个工程,而一个工程又可以包含各种类型的文件,如工程文件(.vbp)、窗体文件(.frm)、标准模块文件(.bas)、类模块文件(.cls)、工程组文件(.vbg)和资源文件(.res)。

工程窗口类似于 Windows 的资源管理器,列出当前工程的窗体和模块,用树形结构显示。可以通过单击"+"展开树形结构的结点，或者单击"-"折叠树形结构的结点。

在工程窗口中包括"查看代码""查看对象"和"切换文件夹"3个按钮，可以从不同角度查看当前工程，如图1-5所示。

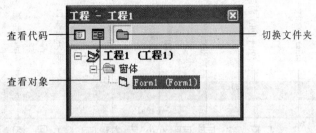

图1-5 工程窗口

（1）"查看代码"按钮用来打开代码编辑器窗口，以查看代码。
（2）"查看对象"按钮用来打开窗体设计器窗口，以查看程序界面上的所有对象。
（3）"切换文件夹"按钮用来在树形结构中切换是否显示文件夹。

5．窗体设计器窗口

窗体就是一个窗口。窗体设计器窗口是用来对应用程序进行界面设计的窗口，可以在其中添加各种对象并直接观察到程序运行时的界面，这也体现了Visual Basic的可视化编程思想。

6．窗体布局窗口

窗体布局窗口是用来调整窗体在屏幕上显示的位置的，在此窗口中，有一个表示当前窗体的图标，可以通过鼠标拖动该图标来调整程序运行时窗体的位置。在窗体布局窗口中设置如图1-6（a）所示的窗体初始位置，则程序运行，窗体在屏幕上的位置如图1-6（b）所示。

（a）设置窗体初始位置　　　　　　　　（b）程序运行后窗体在屏幕位置

图1-6 窗体布局窗口

7．工具箱

工具箱中包含若干个图标，每个图标都是一个Visual Basic应用程序的构件，称为控件（Control）。每个控件的功能都不相同。建立"标准 EXE"工程后，工具箱里只包含 Visual Basic 内部的标准控件，如图 1-7 所示。

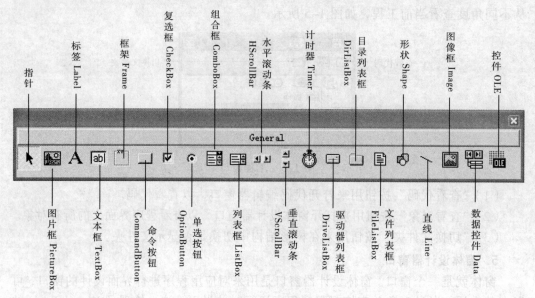

图 1-7　工具箱

除标准控件外，用户可以根据需要添加其他控件，方法如下：

（1）在工具箱的空白处右击，在弹出的快捷菜单中选择"部件"命令，则弹出图 1-8 所示的"部件"对话框。

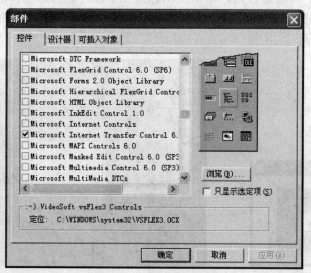

图 1-8　"部件"对话框

（2）在"部件"对话框中选择要添加的控件，单击"确定"按钮，就可将该控件添加到工具箱中。

8. 属性窗口

属性窗口用于设置对象的属性值。在 Visual Basic 中，窗体和控件被称为对象，对象的属性描述了对象的特征。属性窗口列出了当前对象的属性名称及属性值，用户可以更改属性值的设置。属性窗口如图1-9所示，其包括以下几部分。

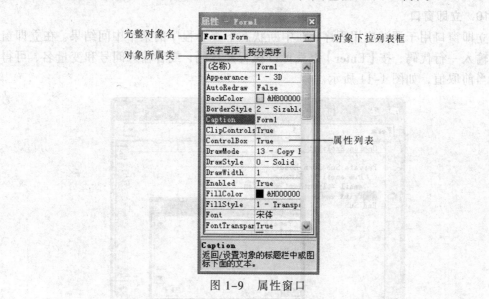

图1-9　属性窗口

（1）对象下拉列表框：单击其右端的下拉按钮，显示当前窗体所含对象的名称及类型。选择要设置属性的对象名称，则下方的属性列表中就显示该对象的属性。

（2）属性列表：显示了当前选中对象的所有属性，左栏显示的是属性名称，右栏显示的是该属性的值。在单击某个属性名称后，可以在右栏对应位置设置属性的值。

9．代码编辑窗口

代码编辑窗口是显示和编辑程序代码的窗口。可以通过双击窗体的任何地方或单击工程窗口中的"查看代码"按钮进入代码编辑窗口。

代码编辑窗口主要由对象下拉列表框、事件下拉列表框等部分组成，如图1-10所示。

图1-10　代码编辑窗口

（1）对象下拉列表框：列出了当前窗体及其包含的所有对象名。选择列表中的"通用"选项可以定义模块级变量或模块级过程。

（2）事件下拉列表框：列出了所选对象的所有事件过程名。其中，"声明"表示定义模块级变量。

（3）代码区：用于显示在对象下拉列表框中所选对象的相应事件过程的代码和用户自定义过程与变量的代码。

10．立即窗口

立即窗口用于调试应用程序，在中断状态下查看程序的某个中间结果。在立即窗口中输入一行代码，按【Enter】键就可以执行此代码；或者输入问号和变量名，可得到其当前取值，如图 1-11 所示。

图 1-11　立即窗口

1.2　Visual Basic 程序概述

简单的 Visual Basic 6.0 应用程序可以只包含一个工程，且这个工程只包含一个窗体。而复杂的 Visual Basic 6.0 应用程序可以包含多个工程。

1.2.1　程序特点

【例】使用 Visual Basic 开发一个绘图程序。

（1）程序运行界面如图 1-12 所示，程序代码如图 1-13 所示。

（2）当程序运行时，利用鼠标左键在白色绘图区拖动，就可以完成绘图。

图 1-12　绘图程序

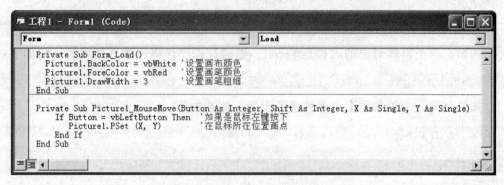

图 1-13　程序代码

（1）Visual Basic 程序由界面和代码两部分组成。

（2）程序界面中的常见"对象"通常指控件和窗体。"窗体"就是运行时候的窗口，在本程序中包含一个窗体 Form1；"控件"是窗体上的元素，程序中包含 1 个图片框控件 Picture1。

（3）Visual Basic 的代码由语句组成，语句中的字母不区分大小写，语句以回车符结束。当输入完一条语句并按【Enter】键后，Visual Basic 会自动对其进行格式化处理。

Visual Basic 允许在一行上书写一条或多条语句。当在一行上书写多条语句时，语句间要用冒号隔开，例如，t=a：a=b：b=t 表示本行中书写了 3 条语句。

Visual Basic 也允许一条语句分成若干行书写，但要在每行末尾加上空格及下画线作为续行标志，表示下一行与本行是同一条语句。例如：

```
Text1.Text=Text1.Text & " " & _
           Text2.Text & " " & _
           Text3.Text & " "
```

（4）注释。为了方便说明程序的功能和含义，可以在恰当的位置添加程序的注释。注释部分写在一个单撇号（'）的后面，可以出现在行末或是单独一行。注释语句不参与程序执行，当然也就不会影响程序的运行结果。

1.2.2　面向对象思想

1．类与对象

在 Visual Basic 中，常用类主要包括"控件"和"窗体"等。窗体是程序运行时的一个窗口；控件是窗体上的一些界面元素，如命令按钮和文本框等。

例如，在 Visual Basic 程序设计时，可以生成"窗体"类中一个具体的对象 Form1，"图片框"类的一个对象 Picture1。

2．属性

属性用来描述对象的静态特征。不同的属性取值就决定了这个对象不同于其他对象。每个对象包含的属性不同，但有些属性是很多对象共有的，例如 Width 和 Height 属性。

在代码中设置对象的属性，格式如下：

```
对象名.属性名 = 属性值
```

例如，一个窗体对象的名称是Form1，则通过程序代码设置其高度的语句如下：

```
Form1.Height = 3000
```

如果对同一个对象的多个属性进行设置，格式如下：

```
With 对象名
    …
End With
```

例如，对图片框Picture1的多个属性进行设置，代码如下：

```
With Picture1
    .BackColor = vbWhite
    .ForeColor = vbRed
    .DrawWidth = 3
End With
```

3．事件

类有一些系统预先定义好的、对象可以执行的动作，称为"事件"。每个事件也有自己的名字，例如，图片框具有"单击事件"，事件名称的关键字是MouseMove。那么当用户在图片框Picture1上移动鼠标时，就会触发MouseMove事件。

当事件被触发时，Visual Basic就会转去执行该函数中的代码，实现相应的功能。如果想在程序运行时移动鼠标完成相应的功能，就要在Picture1的MouseMove事件中编写代码。其实每个事件都是一个函数，事件可能带有参数。

事件的语法格式如下：

```
Private Sub 对象名_事件名(参数)
    …
End Sub
```

例如，在图片框对象上移动鼠标会触发MouseMove事件：

```
Private Sub Picture1_MouseMove(Button As Integer, Shift As Integer, X As Single, Y As Single)
    …
End Sub
```

其中参数X和Y表示鼠标移动时，鼠标当前点在Picture1上的横坐标和纵坐标。

4．方法

对象的方法是由系统已经实现的一些函数，用户只需要直接使用即可。引用方法的格式如下：

```
对象名.方法名 参数
```

例如，以下程序可以在鼠标移动时，利用窗体的画点方法PSet，产生画笔效果。

```
    Picture1.PSet (X, Y)            '在鼠标所在处画点
```

小结

本章主要介绍了 Visual Basic 6.0 的启动和退出过程。了解一种软件的开发环境是熟练使用该软件进行编程的前提，本章的重点是熟悉 Visual Basic 6.0 集成开发环境的各个组成部分，了解它们的结构、作用和使用方法。

Visual Basic 6.0 的集成开发环境主要由标题栏、菜单栏、工具栏、窗体设计器窗口、工程窗口和工具箱等组成。

Visual Basic 程序由界面与代码组成。窗体就是一个窗口，窗体上的元素称为"控件"。程序代码由语句组成。

思考与练习题

一、思考题

1. Visual Basic 6.0 有哪些特点？
2. Visual Basic 6.0 在编写代码时可提供哪些功能方便编程人员开发程序？
3. 怎样向工具箱中添加控件？说明操作过程。

二、选择题

1. 在程序设计阶段，当双击窗体上的某个控件时，所打开的窗口是（　　）。
   A. 工程窗口　　　　　　　　B. 工具箱窗口
   C. 代码编辑窗口　　　　　　D. 属性窗口
2. 单击鼠标按键，则产生动作，实现这种操作的方法可称为（　　）。
   A. 事件驱动编程机制　　　　B. 面向对象方法
   C. 过程化编程方法　　　　　D. 可视化程序设计方法
3. Visual Basic 6.0 有不同的工作状态，其中用于进行代码调试，查看程序运行中间结果的工作状态是（　　）。
   A. 运行状态　　　　　　　　B. 中断状态
   C. 设计状态　　　　　　　　D. 休眠状态
4. Visual Basic 6.0 集成开发环境中可用来进行界面设计的部分是（　　）。
   A. 窗体布局窗口　　　　　　B. 代码编辑窗口
   C. 工程窗口　　　　　　　　D. 窗体设计器窗口
5. 在关闭集成开发环境中的属性窗口后想再次打开它，应该使用（　　）菜单下的菜单项。
   A. 文件　　　B. 编辑　　　C. 视图　　　D. 格式

三、填空题

1. 在代码编辑窗口中输入一行代码并按【Enter】键后，如果该行代码显示成红色，则表示_____。
2. Visual Basic 6.0 有 3 种版本，其中_____版本的功能最强。
3. 在工程资源管理器中单击_____可以显示代码编辑窗口，单击_____可以显示窗体设计器窗口。

4. 在 Visual Basic 6.0 中，窗体和控件都是_____，都有自己的属性、方法和事件。

5. 安装了_____以后，可以使用 Visual Basic 6.0 的帮助文档。

四、操作题

1. 指出图 1-14 中 Visual Basic 集成开发环境中标题栏、菜单栏、工具栏、窗体设计器窗口、立即窗口、工程窗口和工具箱等各个部分。

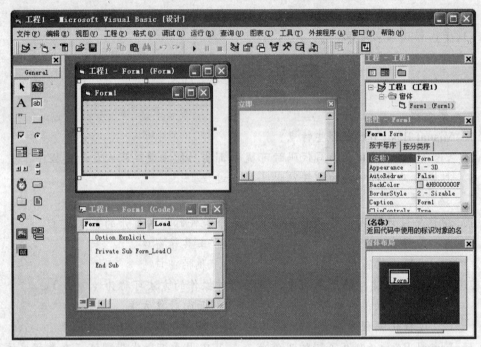

图 1-14　Visual Basic 集成开发环境

2. 完成以下操作：

（1）进入 Visual Basic 集成开发环境，新建一个标准 EXE 工程。

（2）在工具箱中双击 **A** 图标，添加一个标签。利用窗体布局窗口将窗体设置到屏幕正中，运行程序验证结果。

（3）结束程序运行，关闭右侧属性窗口，通过菜单再次打开属性窗口。

（4）设置标签的 ForeColor 属性为红色，运行程序查看结果。

（5）打开代码窗口，观察对象下拉列表中有几个对象，选择窗体对象；在事件下拉列表框中选择 Click 事件。此时光标自动定位的位置插入如下代码：

```
Form1.Caption="我的窗体"
```

运行程序查看结果。

（6）在工具箱中添加名为 Microsoft Windows Common Controls 6.0 选项的一系列控件。

第 2 章

Visual Basic 6.0 程序设计步骤

在掌握 Visual Basic 6.0 集成开发环境的基础上，本章主要以一个简单的程序为例，学习创建 Visual Basic 6.0 的应用程序。在开发程序时，主要有以下步骤：创建工程、对窗体进行界面设计，然后设置对象的属性、编写代码，最后运行该程序。

Visual Basic 6.0 的应用程序主要是以工程为单位进行管理的，在工程之中又包括各种模块，其中窗体模块最为重要。窗体上可以添加其他界面元素，也就是控件，本章将介绍三种常用控件：命令按钮、标签和文本框。

> **本章要点**
> - Visual Basic 6.0 的程序设计步骤。
> - 窗体的界面设计。
> - 常用控件的使用。

2.1 一个简单的 Visual Basic 6.0 程序

在这一节中，将以一个简单的 Visual Basic 6.0 程序为例，阐述建立 Visual Basic 6.0 应用程序的详细步骤。一般而言，建立 Visual Basic 6.0 程序主要包括以下几个步骤：

（1）新建工程。
（2）设计程序界面。
（3）设置对象属性。
（4）编写程序代码。
（5）运行程序。
（6）保存程序。
（7）生成可执行文件。

在实际程序设计过程中，这些步骤会存在交叉，不一定严格按照上述过程进行，例如，设计程序时要随时保存程序。对于复杂的程序，还可以根据用户需要，创建该程序的安装程序，这样就可以像应用软件一样安装到其他计算机上使用。

2.1.1 应用程序的设计步骤

1．新建工程

选择"文件"→"新建工程"命令，在弹出的"新建工程"对话框中，选择"标准 EXE"命令，然后单击"打开"按钮。新建"标准 EXE"工程，默认的工程名是"工程 1"，该工程包含一个默认的窗体 Form1。

2．设计程序界面

设计程序界面主要是向窗体设计器窗口中添加控件，如命令按钮、标签、文本框等，然后调整控件在窗体上的布局。当然，还可以对控件进行复制和删除操作。

（1）控件的添加。向窗体中添加控件的方法有以下两种：

① 单击工具箱中的某个控件图标，然后在窗体设计器窗口拖动鼠标画出控件。

② 双击工具箱中的某个控件。

（2）控件的删除。单击一个已添加的控件，同时按【Del】键便可删除它。

（3）单个控件的调整。单击该控件，通过控件的手柄可以调整当前控件的大小；通过单击控件内部并拖动至任意位置，可以移动当前控件。

（4）控件的复制。

按【Ctrl+C】、【Ctrl+V】组合键复制、粘贴当前控件，在弹出的"是否创建控件数组"对话框中单击"否"按钮。如果在"是否创建控件数组"对话框中单击"是"按钮，则会创建一个控件数组，该控件数组与被复制控件的"名称"属性取值相同，Index 属性取值不同。

（5）多个控件的布局：

① 先选定多个控件，方法：按住【Shift】键或【Ctrl】键，同时单击需要选定的控件；在窗体的空白区域拖动鼠标，框住需要选定的控件，这样可以选定多个相邻的控件。

② 选择"格式"菜单中的选项，对多个控件进行对齐、统一尺寸、调整间距等操作。

3．设置属性

用户可以在属性窗口设置对象属性，也可以通过代码设置对象的属性。

4．编写代码

编写程序代码是在代码编辑窗口中完成的。

（1）双击某个对象进入代码窗口。

（2）在对象下拉列表框中选择对象，在事件下拉列表框中选择事件名称，出现该事件过程的自动提示，在代码编辑窗口区编写代码。

5．运行程序

选择工具栏 ▶ 按钮，可以运行程序。

6．保存程序

选择工具栏上的保存按钮 ■，保存窗体，窗体文件扩展名为 .frm；然后首先保存工程，工程文件扩展名为 .vbp。

7. 生成可执行文件

经过前几个操作步骤之后,应用程序只能在 Visual Basic 的集成开发环境下运行。如果将程序编译成可执行文件,就可以脱离 Visual Basic 的集成开发环境而单独运行。

依次选择"文件"→"生成工程 1.exe"命令,提示生成可执行文件。保存后可以通过双击该文件的图标,运行该工程。

2.1.2 一个简单的应用程序

本节以一个简单的应用程序为例,示范上节中创建 Visual Basic 应用程序的步骤。

【例 2.1】使用 Visual Basic 开发一个显示图片的程序。

(1)初始运行界面如图 2-1(a)所示。

(2)当单击"单击这里试试看"按钮时,将显示一幅图片,如图 2-2(b)所示。

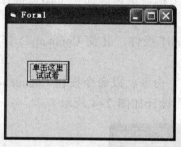

(a)初始运行界面　　　　　　　　(b)显示图片

图 2-1　程序运行界面

1. 新建工程

新建一个工程,设计界面如图 2-2 所示。Form1 窗体就对应着程序运行时的一个窗口。

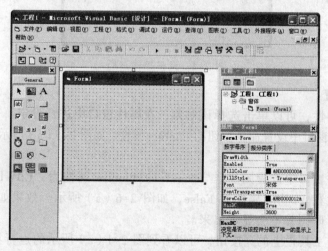

图 2-2　新建"标准 EXE"工程

2. 界面设计

在窗体上添加一个命令按钮和一个图像框,如图 2-3 所示。

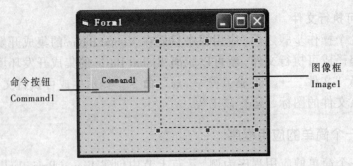

图 2-3 添加控件

（1）双击工具箱中命令按钮（CommandButton）图标，在窗体上添加一个名为 Command1 的命令按钮，其表面显示的文字也是 Command1。

（2）单击工具箱中的图像框图标，在窗体上拖动鼠标添加一个图像框控件。该图像框"名称"属性是 Image1。

（3）调整控件布局：选择 Image1 和 Command1 控件，并使 Command1 作为基准控件。

依次选择"格式"→"对齐"→"居中对齐"命令，以命令按钮 Command1 作为基准，使 Image1 与它在水平中心位置对齐。界面设计如图 2-4 所示。

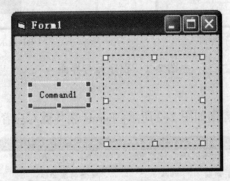

图 2-4 调整控件布局

3. 属性设置

设置对象属性，可以单击选择该对象，在属性窗口中进行设定。

（1）在属性窗口中设置命令按钮的 Caption 属性，如图 2-5（a）所示。效果如图 2-5（b）所示。

（2）在属性窗口中设置图片框 Image1 的 Picture 属性为"C:\WINDOWS\ Coffee Bean.bmp"；设置 Visible 属性为 False，如图 2-6（a）所示。效果如图 2-6（b）所示，而程序运行时图片不会显示出来。

此时，单击工具栏上的▶按钮，可以看到图 2-1（a）所示的运行界面，但是如果单击窗体上的按钮，则没有任何反应，证明该按钮现在还没有响应用户的单击操作。需要进行下一步操作。编写单击事件过程的代码后，才能响应用户的单击操作。

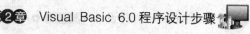

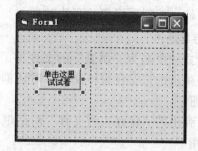

（a）设置 Caption 属性　　　　　　　（b）效果

图 2-5　Command1 属性设定

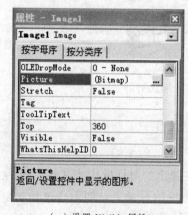
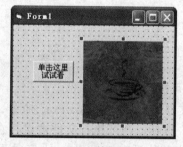

（a）设置 Visible 属性　　　　　　　（b）效果

图 2-6　Image1 属性设定

4．代码编写

代码编写的步骤如下：

（1）双击按钮，可以看到图 2-7（a）所示的代码窗口。

（2）在图 2-7（a）插入点处输入语句设置 Image1 的属性，如图 2-7（b）所示。再次运行时用户单击按钮，可触发它的单击事件，系统自动执行 Command1_Click()事件过程的代码，从而显示图片。

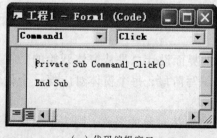
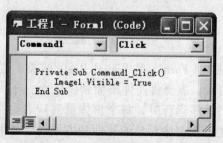

（a）代码编辑窗口　　　　　　　　　（b）代码编写

图 2-7　编写事件代码

5. 运行程序

选择工具栏选项 ▶，可以运行程序，单击按钮后的效果如图 2-1（b）所示。选择工具栏中的 ■ 按钮可以停止程序执行。

6. 保存程序

（1）建立一个名为"例题"的文件夹，单击工具栏上的"保存"按钮。

（2）在弹出的"保存窗体文件"对话框中，将窗体文件名改为 Show.frm，再单击"保存"按钮。

（3）在弹出的"保存工程文件"对话框中，将工程文件名改为 Show.vbp，再单击"保存"按钮。

（4）此时可以看到"例题"文件夹的内容，如图 2-8 所示。

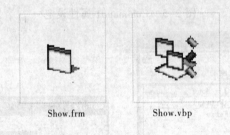

图 2-8　保存文件

7. 生成可执行文件

选择"文件"→"生成 Show.exe"命令，在弹出的对话框中将文件名改为 Show.exe，单击"确定"按钮，则可执行文件被保存在相应的目录下，如图 2-9 所示。这个可执行文件可以在其他没有 Visual Basic 集成开发环境的系统中运行。

图 2-9　生成可执行文件

2.2　窗　体

窗体（Form）是 Visual Basic 的类，程序的界面设计总是从窗体开始的。在界面设计阶段，需要将控件添加到窗体上；在代码编写阶段，每个窗体对应着一个代码窗口；当程序运行时，每个窗体就对应着一个窗口。

在引用窗体对象的属性和方法时，如果省略窗体对象的名称，则表示引用的是当前窗体的属性和方法。窗体事件过程的名称中，窗体对象的名称总是 Form，而不是 Form1、Form2 等。

1. 属性

窗体的属性决定窗体的特征，有些窗体属性与其他对象的属性名称和含义类似。

（1）Name（名称）属性：窗体对象的唯一标志，该属性只能在属性窗口中设置。在当前窗体的代码窗口中设置该窗体属性时，可以省略窗体的名称，或者使用 Me 代替当前窗体，例如：

```
frmShow.Height=1000
Height=1000
Me.Height=1000          'Me 代表当前窗体
```

（2）Caption 属性：窗体的标题。

（3）BackColor 属性：窗体的背景颜色。

（4）ForeColor 属性：窗体上显示的文本或图形的颜色。

（5）BorderStyle 属性：窗体边框的样式。

（6）AutoRedraw 属性：是否重绘窗体上显示的图形和文字。

（7）Font 属性：需要在程序设计阶段设置，输出字符的字体、大小、样式等。设置该属性后，添加到窗体中的其他控件的 Font 属性也以该设置为默认值。

除了通过设置 Font 属性集合包括如下子属性：

- Name 属性：字体类型。例如：

```
Form1.Font.Name = "隶书"
```

- FontSize 属性：字号大小。例如：

```
Form1.Font.Size = 18
```

- FontBold 属性：文字是否加粗。例如：

```
Form1.Font.Bold = True
```

- Font.Italic 属性：文字是否倾斜。

```
Form1.Font.Italic = False
```

（8）Height 属性和 Width 属性：窗体的高度和宽度。

（9）Left 属性和 Top 属性：窗体在屏幕上的位置，如图 2-10 所示。

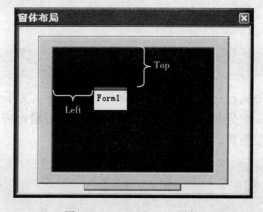

图 2-10 Left 和 Top 属性

（10）Enabled 属性：窗体是否可用。取值为 False 时，窗体标题栏呈灰色显示，表示处于不可用状态，不响应外界事件。

（11）Visible 属性：窗体在程序运行时是否可见。

（12）Picture 属性：在窗体中显示图片。

在代码中设置该属性应使用 LoadPicture()函数，格式为

```
对象名.Picture = LoadPicture("图片文件路径和文件名")
```

例如：

```
Private Sub Form_Load()
    Me.Picture = LoadPicture("C:\WINDOWS\Coffee Bean.bmp")
End Sub
```

要清除窗体中的图像，可以使用 LoadPicture 函数进行删除。

```
Me.Picture = LoadPicture("")
```

2．事件

（1）Load 事件。当窗体装入内存时触发该事件，通常在该事件发生时进行控件、变量的初始化工作，例如设置窗体大小。

（2）Click 事件。单击一个窗体的空白区域时触发该事件。

（3）Resize 事件。改变窗体大小时将触发该事件。

3．方法

（1）Print 方法。Print 方法用于在窗体上输出数据，也可用于在图片框等对象中输出数据。该方法的语法格式如下：

```
对象名.Print 参数
```

例如：参数如果放在双引号内就被原样输出，否则输出计算结果。

```
Private Sub Form_Click()
    a=10
    Print "a+20 的值为:"            '原样输出
    Print a+20                      '计算表达式的结果并输出
End Sub
```

程序运行结果为

```
a+20 的值为:
30
```

在一般情况下，每执行一次 Print 方法都要自动换行，为了仍在同一行上输出，可以在语句末尾加上一个分号或一个逗号。分号表示前后输出内容紧挨着；逗号表示先后输出的内容有一段距离。例如：

```
Private Sub Form_Click()
    Me.Print "Hello",
    Me.Print "VB";
    Me.Print "World"
```

```
End Sub
```
程序运行结果为：
```
Hello      VBWorld
```
（2）Cls 方法：用于清除窗体上输出的内容，例如：
```
Form1.Cls
```
（3）Show 方法：用于显示一个窗体，可带有参数 0 或 1。

① 当参数为 1 时，如果不关闭该窗体就无法操作其他窗体，这种窗体显示方式称为"模式"显示方式。例如，在工程中添加两个窗体，在 Form1 的代码编辑窗口中编写如下事件过程：
```
Private Sub Form_Click()
  Form2.Show 1
End Sub
```
程序运行时，单击 Form1 窗体时显示 Form2 窗体，只有关闭 Form2 窗体，才能回到 Form1 窗体进行操作。

② 当参数为 0 时，即使不关闭该窗体，也可以操作其他窗体，这种窗体显示方式称为"无模式"显示方式。

2.3 常用控件

2.3.1 CommandButton 控件

命令按钮 CommandButton 是 Windows 应用程序中最常见的控件，例如"确认""取消""下一步"等，还可以设置按钮在各种不同状态下显示的图片。

命令按钮常用的成员如下：

（1）Caption 属性：命令按钮上显示的文字。

（2）Style 属性：设置按钮外观。0——标准按钮，1——图形按钮。只有设置为 1，其他跟图形相关的属性才起作用。

（3）Picture 属性：设置按钮上显示的图形。

（4）Click 事件：单击命令按钮时就会被触发。

【例 2.2】应用命令按钮控件实现窗体移动。程序运行界面如图 2-11 所示，单击任何一个按钮，可以使窗体向指定方向移动 20 像素。

程序设计步骤如下：

（1）新建"标准 EXE"工程。

（2）建立程序运行界面。在窗体上添加 4 个命令按钮，将其 Style 属性都设置为 1；背景颜色更改为红、蓝、绿、黄；Caption 属性如图 2-11 所示。

图 2-11　程序运行界面

（3）进入代码编辑窗口中，编写如下事件过程。

```
Private Sub Command1_Click()           '上移
    Form1.Top=Form1.Top-20
End Sub

Private Sub Command2_Click()           '下移
    Form1.Top=Form1.Top+20
End Sub

Private Sub Command3_Click()           '左移
    Form1.Left=Form1.Left-20
End Sub

Private Sub Command4_Click()           '右移
    Form1.Left=Form1.Left+20
End Sub
```

2.3.2 Label 控件

标签 Label 控件 **A** 是显示用户不能直接修改的静态文本时使用的，一般用作提示和说明，标签控件常用的成员如下：

（1）Caption 属性：显示在标签中的文本。

（2）Alignment 属性：文本在标签上的对齐方式。0——左对齐，1——右对齐，1——居中。

（3）BackStyle 属性：背景样式。0——透明，1——不透明。

（4）Click 事件：单击标签时就会被触发。

2.3.3 TextBox 控件

文本框 TextBox 控件 abl 通常用来获取用户输入的文本，例如用户名、密码等，可以输入单行或多行，也可以用于数据的显示。常用的成员如下：

（1）Text 属性：文本框中的文本。

例如，程序运行后在"文本框 1"中输入内容，单击"复制"按钮，"文本框 1"的内容被复制到"文本框 2"，如图 2-12 所示，代码如下所示。

图 2-12　Text 属性

```
Private Sub Form_Load()
   Text1.Text = ""
   Text2.Text = ""
End Sub

Private Sub Command1_Click()
   Text2.Text = Text1.Text
```

End Sub

（2）PasswordChar 属性：将文本显示为指定字符。

例如：设置该属性为"*"，则程序运行，在文本框中输入密码"abc"时，显示"***"。

（3）Locked 属性：是否能输入文本，取值为 True 时无法输入文本，只能显示文本。

（4）SelLength 属性：选中文本的长度。

（5）SelStart 属性：选中文本的起始位置。

（6）SelText 属性：选中的文本内容。

利用文本框的选择属性（包括 SelLength、SelStart、SelText）可完成一些字处理功能。例如，可利用以下代码选中文本框中的所有文本。

```
Text1.SetFocus
Text1.SelStart=0
Text1.SelLength=Len(Text1.Text)
```

（7）TabIndex 属性：按【Tab】键时文本框获得焦点的次序。

对象获得鼠标的焦点，则意味着可以直接响应鼠标或键盘的操作，命令按钮、文本框和其他一些控件都有获得焦点的能力。这个属性取值越小，将越先获得焦点。

（8）Change 事件：在文本发生改变时触发。

（9）GotFocus 事件：文本框得到焦点时触发。

（10）LostFocus 事件：文本框失去焦点时触发。

（11）SetFocus 方法：使文本框获得焦点，可以直接接收键盘输入。

2.3.4 实例

【例 2.3】应用常用控件实现窗体标题和颜色变化。程序运行界面如图 2-13 所示。

图 2-13 程序运行界面

程序设计步骤如下：

（1）新建一个"标准 EXE"工程。

（2）建立程序用户界面。在窗体上放置 2 个标签控件、1 个文本框和 3 个命令按钮。将标签 BackSytle 属性设置为 Transparent 透明，将命令按钮 Style 属性设置为 Graphical 以便显示颜色，将命令按钮 BackColor 属性分别设置为红色、黄色和蓝色。

（3）进入代码编辑窗口中，编写如下事件过程。

```
Private Sub Text1_Change()          '设置窗体标题
  Form1.Caption=Text1.Text
```

```vb
    End Sub

    Private Sub Text1_Click()                '选择其中所有文字,方便修改
      Text1.SelStart=0
      Text1.SelLength=Len(Text1.Text)
    End Sub

    Private Sub Command1_Click()             '设置窗体为红色
      Form1.BackColor=Command1.BackColor
    End Sub

    Private Sub Command2_Click()             '设置窗体为黄色
      Form1.BackColor=Command2.BackColor
    End Sub

    Private Sub Command3_Click()             '设置窗体为蓝色
      Form1.BackColor=Command3.BackColor
    End Sub
```

小 结

本章主要介绍了 Visual Basic 6.0 应用程序开发的几个步骤,包括创建工程、对窗体进行界面设计,然后设置对象的属性、编写代码,最后运行该程序,还介绍了窗体对象常用的成员。

常用的控件包含命令按钮、标签和文本框。命令按钮 CommandButton 控件可以接受单击操作;标签 Label 控件可以显示文本;文本框 TextBox 控件可以接受用户输入的文本或者显示文本。

思考与练习题

一、思考题

1. Visual Basic 6.0 应用程序设计包括哪些步骤?其中的一些步骤的顺序是否可以改变?
2. Visual Basic 6.0 的应用程序管理分为哪几层?
3. 什么是"启动工程"和"启动窗体"?应该怎样设置它们?
4. 目前学习的对象中,哪些可以进行数据的输入?哪些可以进行数据的输出?

二、选择题

1. 以下关于窗体的叙述中,错误的是(   )。
    A. 窗体的 Name 属性用于标识一个窗体
    B. 运行程序时,改变窗体大小,能够触发窗体的 Resize 事件
    C. 窗体的 Enabled 属性为 False 时,不能响应单击窗体的事件
    D. 程序运行期间,可以改变 Name 属性值

2. 在 Visual Basic 集成环境的设计模式下，用鼠标双击窗体上的某个控件打开的窗口是（   ）。

   A. 工程资源管理器窗口   B. 属性窗口

   C. 工具箱窗口   D. 代码窗口

3. 假定编写了如下 4 个窗体事件的事件过程，则运行应用程序并显示窗体后，已经执行的事件过程是（   ）。

   A. Load   B. Click   C. LostFocus   D. KeyPress

4. 为了使标签具有"透明"的显示效果，需要设置的属性是（   ）。

   A. Caption   B. Alignment   C. BackStyle   D. AutoSize

5. 在窗体上画一个文本框（名称为 Text 1）和一个标签（名称为 Label 1），程序运行后，如果在文本框中输入文本，则标签中立即显示相同的内容。以下可以实现上述操作的事件过程是（   ）。

   A. Private Sub Text1_Change（ ）

       Label1.Caption=Text1.Text

       End Sub

   B. Private Sub Label1_Change（ ）

       Label1.Caption=Text1.Text

       End Sub

   C. Private Sub Text1_Click（ ）

       Label1.Caption=Text1.Text

       End Sub

   D. Private Sub Label1_Click（ ）

       Label1.Caption=Text1.Text

       End Sub

三、填空题

1. 如果需要单击窗体，在窗体表面输出"计算机等级考试 二级 VB"，则应该在_____事件过程中，编写语句_____。

2. 使用 Print 方法在窗体上输出文字时，窗体的_____属性决定窗体表面文字将随着窗体而重置。

3. 当一个应用程序中包含多个工程和多个窗体时，默认的启动工程是_____，默认的启动窗体是_____。

4. 如果在工程 1 中包含两个窗体 Form1 和 Form2，在 Form1 的代码编辑窗口中出现的 Print "Hello World"语句，表示在窗体_____上输出文字；语句 Form2.Print "Hello World"则表示在窗体_____上输出文字。

5. Print 方法除了可以在窗体表面输出数据，还可以在_____、_____和_____内输出数据，对应的对象名的关键字分别是_____、_____和_____。

6. 使用窗体的 Print 方法输出数据时，_____表示紧凑格式输出，_____表示松散格式输出。

四、编程题

1. 新建工程，在名称为 Form1 的窗体上添加一个命令按钮 Command1，更改其名称属性为 cmdShow，设置其宽度为 1500，高度为 500，标题为"单击这里"的命令按钮。编写适当的事件过程，使程序运行后，单击该命令按钮，则在窗体上显示"欢迎使用 Visual Basic 进行程序设计"。

2. 新建工程，在名称为 Form1 的窗体上添加两个命令按钮，设置其外观如图 2-14（a）所示。要求程序运行后，单击"靠近我"按钮时，则把右侧按钮移至左侧按钮旁边，如图 2-14（b）所示。

（a）单击前　　　　　　　　　　（b）单击后

图 2-14　题 2 程序运行界面

3. 新建工程，在窗体上添加一个文本框 Text1。编写适当的事件过程，使程序运行后，单击 Text1 框时，Text1 中的内容被全选。

4. 新建工程，在窗体上依次添加 3 个文本框和 3 个标签。编写适当的事件过程，使程序运行后，哪个文本框得到焦点，哪个文本框的背景颜色就设置为红色，如图 2-15 所示。

（a）x 文本框为红色　　　（b）y 文本框为红色　　　（c）z 文本框为红色

图 2-15　题 4 程序运行界面

第3章

Visual Basic 程序设计基础 <<<

Visual Basic 程序设计的一个主要步骤就是编写代码，代码的基本单位是语句，语句又是由数据、运算符和表达式组成的。本章主要介绍 Visual Basic 提供的基本数据类型、各类运算符，以及由运算符与数据组成的表达式。除此之外，Visual Basic 还提供了许多可以实现基本功能的内部函数供用户使用，其中包括数学函数、字符串处理函数、数据类型转换函数、日期函数和数据输入/输出函数。

本章要点

- 数据类型的介绍。
- 运算符和表达式的介绍。
- 常用内部函数的使用。

3.1 数据类型

程序设计的主要作用就是进行各种数据的输入、处理和输出。数据可按照两种方式进行划分：

（1）根据数据种类的不同，可将数据划分为不同的数据类型，不同数据类型的处理方式也不同。Visual Basic 提供了一些基本的数据类型，用户也可以根据需要，在此基础上定义新的数据类型。基本数据类型包括数值型、字符串型、布尔型、日期型、对象型和变体型。

（2）根据数据在程序运行期间是否改变，可将数据划分为常量和变量。常量就是程序运行期间其值保持不变的数据，变量就是程序运行期间其值发生变化的数据。

3.1.1 基本数据类型

Visual Basic 提供的基本数据类型如表 3-1 所示。

表 3-1　Visual Basic 中的基本数据类型

类　　型	类型说明符	占用空间	取　值　范　围
Integer（整型）	%	2B	-32 768～32 767
Long（长整型）	&	4B	-2 147 483 648～2 147 483 647
Single（单精度实型）	!	4B	负数：-3.402 823E+38～-1.401 298E-45 正数：1.401 298E-45～3.402 823E+38
Double（双精度实型）	#	8B	负数：-1.797 693 134 862 32E+308～-4.940 656 458 412 47E-324 正数：4.940 656 458 412 47E-324～1.797 693 134 862 32E+308
Currency（货币类型）	@	8B	-922 337 203 685 447.5808～922 337 203 685 447.5807
String（字符串类型）	$	1B 或字符	
Byte（字节型）		1B	0～255
Boolean（布尔型）		2B	True 或 False
Date（日期型）		8B	100.1.1～9999.12.31
Object（对象类型）		4B	
Variant（变体类型）		不确定	任何数值，最大可达 Double 类型的范围

3.1.2　标识符与保留字

1. 标识符

像人的名字一样，标识符是程序员为常量、变量、数据类型等定义的标识，利用它可以引用相应的常量、变量、数据类型。Visual Basic 中对合法的标识符有如下规定：

（1）必须以字母开头，后面可跟字母、数字、下画线"_"。

（2）长度不超过 255 个字符。

（3）自定义的标识符不能与系统中已定义的标识符（即保留字）同名。

例如，student_name 和 no1 均是合法标识符。

2. 保留字

保留字是 Visual Basic 预先定义的标识符，表示特定含义。

例如，保留字 Integer 表示数据类型是整型。

3.1.3　常量

Visual Basic 程序中的常量分为直接常量与符号常量。直接常量是直接表示的数据，符号常量是用一个合法的符号（即标识符）来代表常量。

1. 直接常量

直接常量按照数据类型可分为数值常量、字符串常量、布尔常量与日期常量，其中，数值常量又分为整型常量、长整型常量、单精度浮点型常量和双精度浮点型常量。

（1）整型常量。整型常量按照不同进位计数制的表示形式分为十进制、八进制、十六进制，如表 3-2 所示。

表 3-2 整 型 常 量

开头标志	结尾标志	可 包 含	取 值 范 围
无	无	正、负号，0~9	-32 768~32 767
&O（字母 O）或 &	无	正、负号，0~7	-&O177777~&O177777
&H 或 &h	无	正、负号，0~9，A~F 或 a~f	-&HFFFF~&HFFFF

（2）长整型常量。长整型常量按照不同进制表示形式分为十进制、八进制、十六进制，如表 3-3 所示。

表 3-3 Visual Basic 中的长整型常量

开头标志	结尾标志	可 包 含	取 值 范 围
无	无	正、负号，0~9	-2 147 483 648~2 147 483 647
&O（字母 O）或 &	&	正、负号，0~7	-&O37777777777&~&O37777777777&
&H 或 &h	&	正、负号，0~9，A~F 或 a~f	-&HFFFFFFFF&~&HFFFFFFFF&

（3）实型常量。分为单精度实数与双精度实数。实型常量由尾数、指数符号和指数 3 部分组成，其中：

① 单精度实数的指数符号为 E 或 e，双精度实数的指数符号为 D 或 d，含义是"乘 10 的幂"。

② 指数是整数，正、负均可。例如，3.5E+2!表示单精度实型常量 3.5×10^2，-2.5d-2#表示双精度实型常量 -2.5×10^{-2}。

（4）货币型常量。货币型常量是特殊的实型常量，最多可精确到小数点后 4 位，例如，20@和 300.1234@。

（5）字符串常量。字符型常量要用双引号括起来，字符串的内容是指双引号内的若干 ASCII 字符（除双引号与回车符）。例如，"Hello World"，""。

（6）布尔常量。布尔常量只有 True（真）和 False（假）两种取值。

（7）日期常量。日期常量用"#"号括起，双"#"号内包含的合法的年、月、日、时、分、秒可作为日期常量。例如，#10/12/2015 10:10:10#，#10-10-2014#。

2．符号常量

符号常量是用一个标识符代表常量，可以由系统定义，也可以由用户定义。

例如，系统定义的表示对齐的符号常量 vbAlignBottom 表示底端对齐，vbAlignLeft 表示左对齐，还有颜色常量 vbRed 表示红色等。查看系统定义的符号常量，可以打开菜单依次选择"视图"→"对象浏览器"命令，如图 3-1 所示。

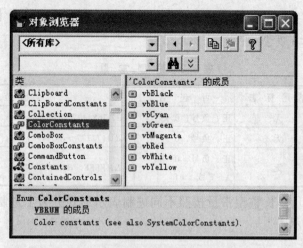

图 3-1 查看系统定义的常量

用户根据需要也可以自己定义符号常量，格式为

```
Public|Private Const 常量名 As 类型 = 值
```

（1）Public|Private 表示符号常量的有效范围，详见变量定义部分。
（2）常量名按习惯通常全大写。
（3）一次可以定义多个符号常量，用逗号隔开。
（4）符号常量的数据类型可以在 As 关键字后说明，也可以在常量名后添加表 3-1 中的"类型说明符"来说明。例如：

```
Const PI As Double=3.1415926    '用符号 PI 代表常数 3.1415926
Const PI#=3.1415926             '符号常量的类型为双精度
Const PI2#=PI*PI                '可以使用已定义的符号常量定义新的符号常量
```

显然对于频繁使用或修改的常量来讲，符号常量比直接常量在程序设计和调试过程中更便于使用。例如，程序直接使用定义好的符号常量 PI 求半径为 r 的圆的周长和面积：

```
circ=2*PI*r
area=PI*r*r
```

3.1.4 变量

变量是内存区域的名字，它的内容在程序运行时可以发生变化。变量所属的数据类型不同，其占用的内存区域大小也就不同。

1. 变量的定义

变量的定义格式如下：

```
Dim|Private|Static|Public 变量名1 As 类型1,变量名2 As 类型2…
```

例如：

```
Dim a As Integer, b As Integer    '定义两个整型变量 a 和 b
```

（1）变量名应为合法的标识符。

（2）变量的数据类型在 As 后标明，如果省略这部分，则变量为 Variant 类型。例如：

```
Dim a, b As Integer    '定义变量a为Variant类型，变量b为Integer类型
```

（3）定义变量后 Visual Basic 会赋给变量默认的初始值：数值类型的变量被定义后的初始默认值为 0。String 类型的变量被定义后的初始默认值为空串，即""。

（4）可以使用表 3-1 中的类型说明符默认定义变量。例如：

```
Dim a%                 '定义Integer型变量number
a = 10
number% = 6            '定义Integer型变量number,并赋值
average# = 0           '定义Double型变量average,并赋值
```

（5）尽管 Visual Basic 不要求定义变量，但好的编程习惯是在使用变量前先定义变量。在每个窗体模块或标准模块的"通用|声明"部分添加如下语句：

```
Option Explicit
```

以便当使用一个未定义变量时，系统会自动给出"变量未定义"的提示，如图 3-2 所示。

例如：使用时，误将定义好的变量 employee 写成 emplyee，系统将给出错误提示，提示 emplyee 未定义。

图 3-2 变量未定义的错误提示

2．变量的作用域

定义变量时，Dim、Private、Static、Public 表示所定义的变量是局部的、私有的、公共全局的或静态的。这几个关键字与声明变量的位置进行不同组合，决定变量的有效作用范围，即变量在程序中可以被正确引用的范围，如表 3-4 所示。

表 3-4 变量的作用范围

范围类型	定义时所用关键字	定义位置	作用范围	引用方式	生存期
过程级	Dim	过程内部	过程内部	变量名	过程内部
	Static	过程内部	过程内部	变量名	整个程序
窗体级	Dim 或 Private	窗体的通用声明部分	窗体内部	变量名	
	Public		本窗体或其他窗体	本窗体：变量名 其他窗体：窗体名.变量名	
模块级	Dim 或 Private	模块的通用部分	模块内部	变量名	
	Public		本模块或其他模块	本模块：变量名 其他模块：模块名.变量名	

（1）Dim 和 Static 关键字。过程级变量用 Dim 和 Static 关键字进行定义时涉及"生存期"的问题，"生存期"是 Visual Basic 保存该变量值的时间。用 Dim 定义的过程级变量在它所在的过程运行时被初始化，过程结束时其值不再被保留；用 Static 定义的过程级变量生存期是整个程序，所以当过程首次运行时变量被初始化，若过程结束

而整个程序未结束时其值继续被保留，但每次过程运行时它都不再被初始化。

【例 3.1】在窗体单击事件中观察分别用 Dim 与 Static 关键字定义的变量的取值，程序运行界面如图 3-3 所示。

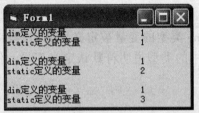

图 3-3　程序运行界面

代码如下：

```
Private Sub Form_Click()
   Dim dimCount As Integer              '用 Dim 定义过程级变量
   Static staticCount As Integer        '用 Static 定义过程级变量
   dimCount=dimCount+1
   staticCount=staticCount+1
   Print "dim 定义的变量    ", dimCount
   Print "static 定义的变量", staticCount
   Print
End Sub
```

用 Dim 定义的过程级变量 dimCount 在每次执行 Form_Click()事件过程时都重新被初始化，所以每次都打印出 0+1 的结果 1；而用 Static 定义的过程级变量 staticCount 只被初始化一次，且总能保留上次运行结果。在程序设计中，Static 变量有累加器的效果。

（2）Private 关键字。使用 Private 关键字在窗体的"通用|声明"部分定义变量时，变量在当前窗体的代码中都有效。

【例 3.2】在窗体单击事件中观察用 Private 关键字定义的变量的取值。代码如下：

```
Private a As Integer  '在窗体 Form1 的"通用|声明"部分定义窗体级私有变量 a
Private Sub Form_Load()
 a=1                  '窗体加载，对变量赋初值
End Sub
Private Sub Form_Click()
 a=a+1
 Print a
End Sub
```

运行程序，在窗体上打印输出结果为

2

这说明窗体级私有变量 a 在两个事件过程中都有效，它们使用的 a 变量是同一个变量。

（3）Public 关键字

Public 关键字在窗体的"通用|声明"部分定义变量时，变量在当前窗体的代码中和其他窗体中都有效，但在其他窗体中使用该变量时，前面须带有窗体的名称。

【例 3.3】在窗体单击事件中观察用 Public 关键字定义的变量的取值，程序运行结果如图 3-4 所示。

代码如下：

图 3-4 【例 3.3】运行界面

```
Public a As Integer         '定义窗体级公有变量 a
Private Sub Form_Click()    'Form1 单击事件
   a=1
   Form2.Show               '显示另一个窗体 Form2
End Sub
Private Sub Form_Click()    'Form2 单击事件
   '在 Form2 中引用 Form1 定义的变量的格式是窗体名.变量名
Form1.a=Form1.a+1
   Print "Form1.a 取值为: "; Form1.a
End Sub
```

在显示 Form2 后，单击窗体，其中引用窗体 Form1 中定义的公有变量 a，使其增加 1，然后输出结果。

3.1.5　用户自定义数据类型

如果在应用中基本数据类型不能满足需要，还可以利用 Type 语句，在基本数据类型的基础上定义新的数据类型。格式为

```
Public|Private Type 类型名
    成员 1   As 数据类型
    成员 2   As 数据类型
    …
End Type
```

其中，Public|Private 的含义见变量定义部分。成员名为合法标识符。例如：

```
Private Type Address     '自定义 Address 类型，包含 country、city、street 3 个成员
    country As String
    city As String
    street As String
End Type
```

可以使用已定义的数据类型定义新的数据类型：

```
Type Info                        '自定义 Info 类型，省略时默认为 Public 类型
    name As String
    age As Integer
    birthday As Date
    add As Address               '可用到已定义好的自定义类型 Address
End Type
```

可以通过"变量名.元素名"的方式使用自定义类型的变量，例如：

```
Dim info1 As Info              '定义变量为 Info 类型
info1.name="LiMing"            '对变量 info1 的成员 name 赋值
info1.add.country="China"      '对变量 info1 的成员 add 的元素 country 赋值
```

3.2 运算符和表达式

"运算符"是代表一定运算功能的符号,可以对常量、变量(即运算数)进行处理。运算符分为算术运算符、关系运算符、逻辑运算符和字符串连接运算符。由各种运算符与运算数组成的式子称为"表达式"。

3.2.1 赋值运算符与赋值表达式

通过赋值符号"="可以将数据的值保存在一个变量或对象的属性中,格式如下:

```
变量名 = 表达式
```

(1)"变量名"可以是普通变量或对象的属性名。
(2)赋值符号"="与数学上的等号意义不同。例如:

```
a = 3
a = a + 1    '变量 a 加 1 后的结果再赋给 a,a 的结果为 4
```

(3)在利用赋值语句进行变量赋值时,应考虑赋值符号左右两端的数据类型。例如:

```
Dim a As Integer
a="你好"
```

当赋值符号左右两端数据类型不一致时,就会发生"类型不匹配"的错误。

3.2.2 算术运算符与算术表达式

算术运算符可进行算术运算,由算术运算符与运算数组成的式子称为算术表达式,如表 3-5 所示。

表 3-5 算术运算符

运算符	名称	算术表达式举例	表达式结果(设 a=3,b=2)
+	加	a+b	5
-	减	a - b	1
*	乘	a*b	6
/	除	a/b	1.5
^	乘方	a^b	9
\	整除	a\b	1
Mod	求余数(取模)	a Mod b	1
-	取相反数	- a	- 3

3.2.3 关系运算符与关系表达式

关系运算符用来比较运算数的关系,由关系运算符与运算数组成的式子称为关系表达式，如表 3-6 所示。

表 3-6 关系运算符

运算符	名称	关系表达式举例	表达式结果（设 a=3,b=2）
=	等于	a=b	False
<>或><	不等于	a<>b	True
>	大于	"a">"b"	False
<	小于	a^2<b	False
>=	大于等于	a>=b/2	True
<=	小于等于	a<=b	False

关系表达式的运算结果有两种情况：当关系成立时，表达式的值为 True；当关系不成立时，表达式的值为 False。

如果两个字符串进行比较，则按照字符的 ASCII 值逐个进行比较。例如，关系表达式"hello" > "hi"的结果是 False。

3.2.4 逻辑运算符与逻辑表达式

逻辑运算符包括逻辑与 And 运算，逻辑或 Or 运算，逻辑非 Not 运算和逻辑异或 Xor 运算。这些用来判断运算数的逻辑关系，由逻辑运算符与运算数组成的式子称为逻辑表达式，如表 3-7 所示。

表 3-7 逻辑运算符

x	y	Not x	x And y	x Or y	x Xor y
True	True	False	True	True	False
True	False	False	False	True	True
False	True	True	False	True	True
False	False	True	False	False	False

（1）And 运算结果为 True 时，说明两个运算数表达的条件都成立；Or 运算表示两个运算数表示的条件其一成立，结果就会为真；Xor 运算结果为真表示两个运算条件其一成立，但不能同时成立。

（2）如果运算数是数值数据，则按照非 0 值对应 True、0 对应 False 的关系转换为布尔数据进行运算。例如，可以用如下逻辑表达式表示 x 不能被 3 整除，也不能被 4 整除：

```
(x Mod 3) And (x Mod 4)
```

（3）如果表达数据位于某个范围内，可以采用逻辑和关系运算符，例如：

```
a<=x And x<=b            '表示 x 在[a,b]范围内
"A"<=y And y<="Z"        '表示 y 在["A","Z"]范围内
```

3.2.5 字符串运算符与字符串表达式

字符串运算符用来进行字符串的连接运算，由字符串运算符与运算数组成的式子称为字符串表达式，如表 3-8 所示。

表 3-8 字符串运算符

运算符	字符串表达式举例	表达式结果
&	"abc" &"123"	"abc123"
	"abc" & 123	"abc123"
+	"abc"+"123"	"abc123"
	"abc"+ 123	结果出错

两个字符串运算符功能略有区别，"&"会自动将非字符串类型的数据转换成字符串后再进行连接运算，而"+"则不能自动转换。

3.2.6 运算符的优先级

当多种运算符出现在一个表达式中时，是按照运算符的优先级决定运算次序的，优先级高的运算符将先得到处理。运算符优先级由高到低依次为算术运算符、字符串连接运算符、关系运算符、逻辑运算符，如表 3-9 所示，其中 1 表示优先级最高。

表 3-9 运算符的优先级

优先级	运算符	优先级	运算符
1	^	7	字符串连接&和+
2	－（取负）	8	=　>　<　<>　>=　<=
3	*　/	9	Not
4	\	10	And
5	Mod	11	Or
6	+　-	12	=（赋值符号）

例如，当 a=1，b=2，c=3，d=4 时，表达式 a+b > c+d And a >=3 Or Not c > 2 Or d < 1 的值为 False，相当于计算表达式：((a+b) > (c+d)) And (a >=3) Or (Not (c > 2)) Or (d < 1)。

3.3 常用内部函数

Visual Basic 系统本身提供了几类常用的函数，称为内部函数。例如，数学函数、字符串函数、随机函数、数据类型转换函数、日期和时间函数等。下面依次介绍这些内部函数的功能和使用方法。

3.3.1 数学函数

数学函数主要完成各种数学运算，如三角函数、指数函数等，如表 3-10 所示。

表 3-10 数 学 函 数

函 数 名	功 能 说 明	举 例	结 果
Fix(x)	取整,截去小数部分	Fix(-10.5)	-10
Int(x)	求不大于 x 的最大整数	Int(-10.5)	-11
Abs(x)	求绝对值	Abs(-10)	10
Sgn(x)	求数字符号,x 为正数时结果为 1,x 为负数时结果为 -1,x 为 0 时结果为 0	Sgn(-10)	-1
Sqr(x)	求算术平方根	Sqr(4)	2
Exp(x)	求指数函数,即 e^x	Exp(2)	7.369056
Log(x)	求自然对数	Log(10)	1
Sin(x)	求正弦函数	Sin(30 * 3.14 / 180)	0.49977
Cos(x)	求余弦函数	Cos(60 * 3.14 / 180)	0.50046

3.3.2 字符串函数

字符串函数主要用于字符串的处理,如截取子串、去空格等,如表 3-11 所示。

表 3-11 字符串函数

函 数 名	功 能 说 明	举 例	结 果
Trim(字符串)	删除字符串两端空格	Trim("□□abc□□")	"abc"
LTrim(字符串)	删除字符串左端空格	LTrim("□□abc□□")	"abc□□"
RTrim(字符串)	删除字符串右端空格	RTrim("□□abc□□")	"□□abc"
Left(字符串,n)	从左端截取 n 个字符	Left("hello",3)	"hel"
Mid(字符串,n,m)	从第 n 个字符开始截取 m 个字符	Mid("hello",3,2)	"ll"
Right(字符串,n)	从右端截取 n 个字符	Right("hello",4)	"ello"
Len(字符串)	字符串的长度	Len("abcd 计算机 123")	10
Space(n)	产生由 n 个空格字符组成的字符串	"a"& space(2) &"b"	"a□□b"
InStr(字符串 1,字符串 2,n)	在"字符串 1"中查找"字符串 2"第一次出现时的位置	InStr("xyzabcdef xyz ab 123","ab")	4
UCase(字符串)	转换成大写字母	UCase("abcXYZ123 中国")	"ABCXYZ123 中国"
LCase(字符串)	转换成小写字母	LCase("abcXYZ123 中国")	"abcxyz123 中国"
Val(字符串)	将字符串转换为数值	Val("23.56")	23.56
Str(数值)	将数值转换为字符串	Str(23.56)	"23.56"
Asc(字符串)	求字符串首字符的 ASCII 码	Asc("abc")	97
Chr(数值)	求以数值为 ASCII 码的字符	Chr(97)	"a"

3.3.3 随机函数

随机函数用于产生一个随机数,随机数产生时需要一个随机种子,随机种子不同,则产生的随机数不同。其中 Rnd(x)函数用于产生 0~1 之间的单精度随机数,如表 3-12

所示。

表 3-12 随 机 函 数

函 数 名	功 能 说 明	举 例	结 果
Rnd 或 Rnd（正数）	以上一个产生的随机数作为随机种子	Print Rnd Print Rnd Print Rnd（1） Print Rnd（1）	.7055475 .533424 .5795186 .2895625
Randomize	使程序运行时，Rnd(x)函数每次产生的随机数不同	Private Sub Form_Click() 　Randomize 　Print Rnd 　Print Rnd End Sub	第1次单击窗体 .7055475 .533424 关闭窗体后，第2次单击窗体 .8387567 .1142324

例如，Int((b－a+1)*Rnd+a)可产生[a，b]之间的随机整数。

3.3.4 数据类型转换函数

数据类型转换函数主要用于不同数据类型之间的转换，如表3-13所示。

表 3-13 数据类型转换函数

函 数 名	功 能 说 明
CInt(数值)	转换为 Integer 类型
CLng(数值)	转换为 Long 类型
CSng(数值表达式)	转换为 Single 类型
CDbl(数值表达式)	转换为 Double 类型
CDate(表达式)	转换为 Date 类型

3.3.5 日期函数

日期和时间函数主要用于对日期和时间的操作，如表3-14所示。

表 3-14 日期和时间函数

函 数 名	功 能 说 明	举 例	结 果
Now 或 Now()	返回系统当前的日期和时间字符串，格式为 yy-mm-dd hh:mm:ss	Now()	15-02-09 9:10:30
Date 或 Date()	返回系统当前的日期字符串，格式为 yy-mm-dd	Date()	15-02-09
Time 或 Time()	返回系统当前的时间字符串，格式为 hh:mm:ss	Time()	9:00:30
Year(日期)	返回日期中的年份，结果为整型	Year(#02-09-2015#)	2015
Month(日期)	返回日期中的月份，结果为整型	Month(#02-09-2015#)	2

续表

函 数 名	功 能 说 明	举 例	结 果
Day(日期)	返回日期中的日子，结果为整型	Day(#02-09-2015#)	9
Hour(时间)	求时间中的小时，结果为整型	Hour("9:10:30")	9
Minute(时间)	求时间中的分钟，结果为整型	Minute("9:10:30")	10
Second(时间)	求时间中的秒，结果为整型	Second("9:10:30")	30
Weekday(日期)	求日期中的星期，结果为整型，1代表星期日，2代表星期一，……，7代表星期六	Weekday(#02-09-2015#)	2（星期一）

3.3.6 输入/输出函数

Visual Basic 提供了几个与输入输出有关的函数。其中 Tab()、Spc()、Space()、Format() 函数用于 Print 方法中，对输出数据的格式进行控制；InputBox()函数可产生一个输入框；MsgBox()函数可产生一个消息框。

1. Format()函数

输出数据时可以使用 Format 函数按照指定的格式输出，格式为

```
Format(表达式,"格式")
```

"格式"中可包含占位符、小数点、百分号等。通常使用的占位符有 0、#和 @。"0"表示一位数或 0；"#"表示一位数或空白；"@"表示一位字符或空白。
例如：

```
Me.Print Format(1234.567,".00")            '输出 1234.57
Me.Print Format(1234.567,"00,000.00")      '输出 01,234.57
Text1.Text = Format(0.1234,"##.##%")       '输出 12.34%
Text1.Text = Format("hello", "@@@@@@")     '输出 "□□hello"
```

2. InputBox()函数

InputBox()函数可以产生一个输入对话框，对话框外观如图 3-5 所示。

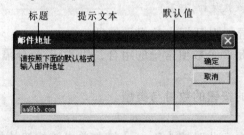
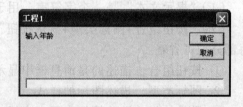

（a）InputBox()函数示例界面 1　　　　　　（b）InputBox()函数示例界面 2

图 3-5　输入对话框

用户在文本框中输入数据后，单击"确定"或"取消"按钮，则对话框消失并返回输入的内容。该函数语法格式如下：

```
InputBox(提示文本,标题，默认值)
```

（1）"提示文本"用于显示对话框内的提示信息。如果"提示文本"包含多行，

则可在各行之间使用 vbCrLf 进行换行。

（2）"对话框标题"如果省略，则标题栏将显示当前工程名称。

（3）"默认值"如果省略，则文本框为空。

例如：使用如下语句产生图 3-5（a）所示的输入对话框。

```
Dim emailAddr As String
emailAddr=InputBox("请按照下面的默认格式" & Chr(10) & "输入邮件地址", _
"邮件地址","aa@bb.com")
```

以下语句产生如图 3-5（b）所示的输入对话框。

```
Dim a As Integer
age=Val(InputBox("输入年龄"))
```

（4）InputBox 的返回值，即 InputBox()函数执行的结果是一个字符串，有两种情况。当用户输入数据后单击"确定"按钮，则其返回值为用户输入的内容；如果单击"取消"按钮，则返回值是一个空字符串""。

3．MsgBox()函数

MsgBox()函数用于产生一个消息对话框，显示提示信息，如图 3-6 所示，其参数如表 3-15 所示。

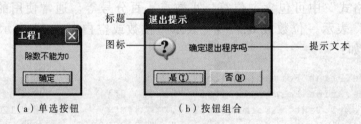

（a）单选按钮　　　　　（b）按钮组合

图 3-6　消息对话框

格式如下：

```
MsgBox (提示文本,按钮组合+图标类型+默认按钮,标题)
```

（1）"提示文本"是一个字符串，用于显示对话框内的提示信息。

（2）"按钮组合+图标类型+默认按钮"是 3 个数值常量的组合，用"+"号分隔，每部分均可省略。

① 按钮组合。描述的是消息框中显示的按钮的数目与类型。

② 图标类型。描述图标的样式。

③ 默认按钮。默认按钮表面有虚线边框，此时按【Enter】键与单击该按钮效果一样。

表 3-15　MsgBox()函数的参数

参　数	符号常数	数　值	说　明
按钮组合	vbOkOnly	0	只显示"确定"按钮
	vbOkCancel	1	显示"确定"和"取消"两个按钮

续表

参　数	符　号　常　数	数　值	说　　　明
按钮 组合	vbAbortRetryIgnore	2	显示"终止""重试"及"忽略"3个按钮
	vbYesNoCancel	3	显示"是"、"否"及"取消"3个按钮
	vbYesNo	4	显示"是"和"否"两个按钮
	vbRetryCancel	5	显示"重试"及"取消"两个按钮
图标 类型	vbCritical	16	显示 Critical 图标 ⊗
	vbQuestion	32	显示 Question 图标 ❓
	vbExclamation	48	显示 Exclamation 图标 ⚠
	vbInformation	64	显示 Information 图标 ⓘ
默认 按钮	vbDefaultButton1	0	默认为第 1 个按钮
	vbDefaultButton2	256	默认为第 2 个按钮
	vbDefaultButton3	512	默认为第 3 个按钮
	vbDefaultButton4	768	默认为第 4 个按钮

（3）对话框标题。可选项，表示对话框标题的字符串，默认时使用应用程序名。

（4）MsgBox()函数的返回值即 MsgBox()函数的执行结果，是一个整型常量，表示用户按下不同的按钮，如表 3-16 所示。

表 3-16　MsgBox()函数的返回值

符　号　常　量	直　接　常　量	含　　　义
vbOk	1	单击了"确定"按钮
vbCancel	2	单击了"取消"按钮
vbAbort	3	单击了"终止"按钮
vbRetry	4	单击了"重试"按钮
vbIgnore	5	单击了"忽略"按钮
vbYes	6	单击了"是"按钮
vbNo	7	单击了"否"按钮

（5）按照是否使用 MsgBox()函数的返回值可将其分为两种格式：

① 如果不使用返回值，则其参数不带括号，又可称为 MsgBox 语句。这种形式多用于简单的信息提示，例如：

```
MsgBox "除数不能为 0"
```

运行结果如图 3-7（a）所示。

② 如果使用返回值，并将其赋值给一个整型变量，则其参数带括号。这种形式常用于判断用户对提示信息的反应，例如：

```
Dim answer As Integer
answer = MsgBox("确定退出程序吗", vbYesNo + vbQuestion, "退出提示")
```

运行结果如图 3-7（b）所示。

3.4 实　　例

【例 3.4】应用内部函数求用户年龄。程序运行时单击窗体，弹出如图 3-7（a）所示的输入对话框，输入姓名，单击"确定"按钮后弹出如图 3-7（b）所示的输入对话框，输入生日，再单击"确定"后弹出如图 3-7（c）所示的消息对话框，提示用户的年龄。

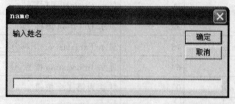

（a）"输入姓名"的输入对话框

（b）"输入生日"的输入对话框　　　　　（c）消息对话框

图 3-7　程序运行结果

程序设计步骤如下：
（1）新建一个"标准 EXE"工程。
（2）进入代码编辑窗口中，编写如下事件过程。

```
Private Sub Form_Click()
    Dim name As String               '保存用户输入的姓名
    Dim bir As String                '保存用户输入的生日字符串
    Dim birDate As Date              '保存用户输入的生日
    Dim yearPass As Integer          '保存用户年龄
    name=InputBox("输入姓名", "name")
    bir=InputBox("输入生日", "birthday", "1988-06-03")
    birDate=CDate(bir)               '将用户输入的生日字符串转换为日期数据
    yearPass=Year(Date)-Year(birDate) '取得系统时间的年份，减去生日年份，
                                      计算年龄
    MsgBox name & ": you are..." & Chr(10) & yearPass & "years old", _
                        vbInformation, "友情提示"
End Sub
```

其中，CDate()函数将用户生日的字符串转换为日期数据，Date()函数取得系统日期，Year()函数取得日期中的年份。
（3）运行程序，输入姓名和生日，显示对用户年龄的提示。

小 结

本章主要介绍了 Visual Basic 程序设计中的基础内容，包括数据类型、运算符与表达式和一些常用的内部函数。

数据可根据形式不同被划分为不同的数据类型，也可以根据其值在程序运行时是否改变被划分为常量和变量。除了系统提供的数据类型外，用户还可根据需要定义新的数据类型。

对数据进行操作的符号称为运算符，数据和运算符组成的合法式子称为表达式。运算符具有不同的优先级，优先级高的运算符先进行运算。

Visual Basic 提供的内部函数可用于数学运算、字符串处理等。其中 InputBox() 函数用于产生一个输入对话框，供用户输入数据；MsgBox()函数用于产生一个消息对话框，以便给用户提示。

思考与练习题

一、思考题

1. Visual Basic 6.0 的基本数据类型有哪些？怎样定义新的数据类型？
2. Visual Basic 6.0 的运算符有哪些？它们的优先级是什么？
3. 数据的输入输出方法有哪些？

二、选择题

1. 下列可以作为 Visual Basic 变量名的是（   ）。
   A. A#A   B. 4ABC   C. ?xy   D. Print_Text
2. 下面定义窗体级变量a的语句中错误的是（   ）。
   A. Dim a%   B. Private a%
   C. Private a As Integer   D. Static a%
3. 设 x=5，执行语句 Print x = x + 10，窗体上显示的是（   ）。
   A. 15   B. 5   C. True   D. False
4. 设 x 是小于 10 的非负数。对此叙述，以下正确的 VB 表达式是（   ）。
   A. 0≤x < 10   B. 0<=x<10
   C. x>=0 And x<10   D. x>=0 Or x<=10
5. 语句 Print Sgn（-6^2）+ Abs（-6^2）+Int（-6^2）的输出结果是（   ）。
   A. -36   B. 1   C. -1   D. -72
6. 在窗体上画一个命令按钮，然后编写如下事件过程：

```
Private Sub Command1_Click()
    MsgBox Str(123 + 321)
End Sub
```

程序运行后，单击命令按钮，则在信息框中显示的提示信息为（   ）。
   A. 字符串"123+321"   B. 字符串"444"

C. 数值"444"   D. 空白

7. 以下关于局部变量的叙述中错误的是（　　）。
   A. 在过程中用 Dim 语句或 Static 语句声明的变量是局部变量
   B. 局部变量的作用域是它所在的过程
   C. 在过程中用 Static 语句声明的变量是静态局部变量
   D. 过程执行完毕，该过程中用 Dim 或 Static 语句声明的变量即被释放

8. 下面可以产生 20～30（含 20 和 30）的随机整数的表达式是（　　）。
   A. Int（Rnd*10+20）   B. Int（Rnd*11+20）
   C. Int（Rnd*20+30）   D. Int（Rnd*30+20）

9. 设 a=2,b=3,c=4,d=5，则下面语句的输出是（　　）。

```
Print 3>2*b Or a=c And b<>c Or c>d
```

   A. False   B. 1   C. True   D. -1

10. 设窗体文件中有下面的事件过程：

```
Private Sub Command1_Click()
Dim s
a%=100
Print a
End Sub
```

   其中变量 a 和 s 的数据类型分别是（　　）。
   A. 整型，整型   B. 变体型，变体型
   C. 整型，变体型   D. 变体型，整型

11. 下面不能在信息框中输出"VB"的是（　　）。
   A. MsgBox "VB"   B. x=MsgBox ("VB")
   C. MsgBox ("VB")   D. Call MsgBox "VB"

12. 在窗体上画两个名称分别为 Text1、Text2 的文本框，Text1 的 Text 属性为 "DataBase"。

   现有如下事件过程：

```
Private Sub Text1_Change()
    Text2.Text = Mid(Text1, 1, 5)
End Sub
```

   运行程序，在文本框 Text1 中原有字符之前输入 a，Text2 中显示的是（　　）。
   A. DataA   B. DataB   C. aData   D. aBase

三、填空题

1. 与数学表达式 $\dfrac{\cos^2(a+b)}{3x}+5$ 对应的 Visual Basic 表达式是_____。

2. 语句 Print 5/4*6\5 Mod 2 的输出结果是_____。

3. 以下语句的输出结果是_____。

```
Print Int(12345.6789*100+0.5)/100
```

4. 与数学表达式 $a \leq x \leq b$ 对应的 Visual Basic 表达式是_____。
5. 可以得到[1, 6]之间的一个随机数的表达式为_____。
6. 产生如图 3-8 所示的消息对话框的语句为_____。

图 3-8 "提示"对话框

7. 产生如图 3-9 所示的输入对话框的语句为_____。单击"确定"按钮，则该 InputBox 函数的返回值为_____，单击"取消"按钮，则该 InputBox()函数的返回值为_____。

图 3-9 "存款"对话框

8. 在窗体上画一个命令按钮，其名称为 Command1，然后编写如下事件过程：

```
Private Sub Command1_Click()
    a=12345
    Print Format$(a, "000.00")
End Sub
```

程序运行后，单击命令按钮，则窗体上显示的是_____。
9. 如果强制用户声明变量，则应该在窗体的_____部分添加_____语句。
10. 描述"X 是小于 100 的非负整数"的 Visual Basic 表达式是_____。

四、编程题

1. 新建工程，在窗体上添加一个文本框 Text1，保证输入焦点在文本框最右侧；在用户输入的同时，将用户输入字母一律转换为小写显示。例如，输入"Visual Basic Programming"就会显示图 3-10 所示的效果。

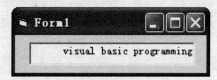

图 3-10 程序运行结果

2. 新建工程，在窗体上添加一个文本框，两个命令按钮，命令按钮标题分别为"剪切"和"还原"，运行后要求在 Text1 中输入文本，单击"剪切"按钮，把 Text1 中的内容剪切掉，单击"还原"按钮，把 Text1 中的内容恢复出来。

3. 新建工程，在窗体上添加两个命令按钮，标题分别设置为"输入"和"计算"。程序运行后，单击"输入"按钮，可通过输入对话框输入两个整数，单击"计算"按钮，则对输入数据进行乘方运算，并把计算结果在消息对话框中显示出来。例如，输入 4 和 3，得到结果 64。

4. 新建工程，在窗体上添加两个命令按钮，标题分别设置为"输入"和"连接"，如图 3-11（a）所示。要求程序运行后，单击"输入"按钮，可通过输入对话框输入两个字符串；如果单击"连接"按钮，则把两个字符串连接为一个字符串并在在消息对话框中显示出来。例如，输入"Visual"和"Basic"，则得到图 3-11（b）所示的结果。

（a）窗体界面　　　　　　　　　　（b）消息对话框

图 3-11　程序运行结果

5. 在窗体上添加一个命令按钮，在窗体正中央添加一个标签，当单击该命令按钮时弹出两个输入对话框，分别提示输入两个数据，一个是购物的"单价"，另一个是购物的"数量"，然后将输入数据相乘，求得"总价"，显示在标签表面。提示：使用 Val 函数，将 InputBox()函数返回值转化为数值类型数据再进行算数运算。

6. 程序运行时，单击窗体，连续弹出 3 个输入对话框，分别提示输入一元二次方程 $ax^2+bx+c=0$（$a\neq 0$）的 3 个系数（假设该方程一定有实根）。然后计算出方程的两个实根，用 Format()函数以保留两位小数的格式在窗体上打印输出。

7. 在窗体上添加一个命令按钮，单击它可弹出一个输入对话框，提示用户按照一个默认格式输入带区位号的电话号码，然后将区位号和电话号码分别显示在窗体上。要注意对用户在电话号码两端可能输入的空格进行处理。

第 4 章
Visual Basic 程序设计结构 ≪

Visual Basic 属于面向对象的编程语言，它支持面向对象的程序设计思想，但在每个模块内部，程序按照结构化的编程思想执行。结构化的程序设计中存在 3 种基本结构，程序在执行时按照设置的结构执行，它们分别是：顺序结构、选择结构和循环结构，Visual Basic 提供特定的语句支持选择结构和循环结构。

本章要点
- 顺序结构。
- 选择结构。
- 循环结构。

4.1 概　述

结构化的程序设计思想将程序划分为不同结构，这些结构决定程序执行的顺序，主要有 3 种基本程序设计结构：顺序结构、选择结构和循环结构。

在顺序结构中，程序由上到下依次执行每一条语句。

在选择结构中，程序判断某个条件是否成立，以决定执行哪部分代码。

在循环结构中，程序判断某个条件是否成立，以决定是否重复执行某部分代码。

4.2 顺序结构

在顺序程序设计结构中，程序由上到下依次执行每一条语句。其流程图如图 4-1 所示。

例如：如下程序中包含 3 条语句，在程序运行时单击窗体，3 条语句依次执行，直到过程运行结束。

```
Private Sub Form_Click()
    Dim i As Integer
    i=i+1
```

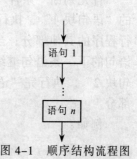

图 4-1　顺序结构流程图

```
    Print i
End Sub
```

运行结果为

```
1
```

4.3 选择结构

选择结构就是根据某个条件决定执行哪部分程序。可以用 If 语句或 Select 语句实现，其中 If 语句根据其书写在单行还是多行上，分为单行 If 语句和多行 If 语句。如果需要判断某个表达式的不同取值情况以执行不同语句，而且该表达式取值为有限可数的几种情况，则最好使用 Select 语句。

4.3.1 If 语句

If 语句有两种格式，即单行 If 语句和多行 If 语句。

1. 单行 If 语句

单行 If 语句主要用于简单的选择结构，其语法格式如下：

> **If** 条件 **Then** 语句块1 [**Else** 语句块2]

其中：

① "条件"可以是任意类型的表达式。
② "语句块 1""语句块 2"如果包含多条语句，则使用冒号分隔。

该语句实现的选择结构程序的流程图如图 4-2 所示。

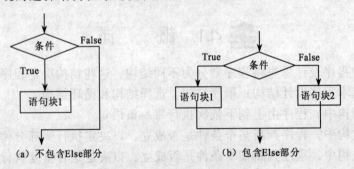

(a) 不包含Else部分 (b) 包含Else部分

图 4-2 单行 If 语句流程图

首先判断"条件"，当表达式的值为 True 或非 0 数值时，执行 Then 关键字后面的"语句块 1"，执行完"语句块 1"后，程序直接跳到 If 语句的下一条语句继续执行程序的其他部分；当表达式的值为 False 或 0 时，如果没有 Else 部分，则跳到 If 语句的下一条语句继续执行程序其他部分，如果有 Else 部分，则执行 Else 后面的"语句块 2"，执行完"语句块 2"后，也跳到 If 语句的下一条语句继续执行程序的其他部分。

例如：

> If x Mod 2 Then Print "奇数"   '如果x对2求余结果为非0,则输出"奇数"

```
If x>y Then t=x: x=y: y=t              '如果x>y,则交换x、y取值
If a>b Then max=a Else max=b           '将a和b中的较大值赋给变量max
If Text1.Text="" Or Text1.Text="" Then MsgBox "请填写全部数据"
'如果文本框Text1或者Text2中内容为空,就要求用户输入数据
```

2. 多行If语句

多行If语句支持更复杂的选择结构,其语法格式如下:

```
If 条件1  Then
    语句块1
[ElseIf 条件2  Then
    语句块2 ]
...
[ElseIf 条件n  Then
    语句块n ]
[Else
    语句块n+1 ]
End If
```

该语句实现的选择结构程序流程图,如图4-3所示。

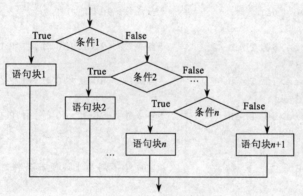

图4-3　多行If语句流程图

如果"条件1"的值为True,则执行"语句块1";如果"条件2"的值为True,则执行"语句块2";…;如果所有ElseIf子句后面的条件都不为True,则执行Else后面的"语句块n+1"。对于整个块结构条件语句,"语句块1""语句块2"……"语句块n+1"中只能有一块被执行。

上面用单行If语句控制的选择结构,用多行的If语句表示如下:

```
If x Mod 2 Then
    Print "奇数"                '如果x对2求余结果为非0,则输出"奇数"
End If

If x>y Then
    t=x
    x=y
    y=t                        '如果x>y,则交换x、y取值
End If
```

```
If a>b Then
    Max=a
Else
    Max=b                          '将a和b中的较大值赋给变量max
End If

'如果文本框Text1或者Text2中内容为空,就要求用户输入数据
If Text1.Text="" Or Text2.Text="" Then
    MsgBox "请填写全部数据"
End If
```

又如,将学生的百分制成绩按照表4-1所示的要求转换为A~E表示的成绩。

表4-1　将百分制成绩转换成A~E表示的成绩

百分制成绩	(90,100]	(80,90]	(70,80]	(60,70]	[0,60]
A~E成绩	A	B	C	D	E

score变量保存0~100之间的整数作为百分制成绩,可以用多行If语句实现:

```
If score>90 Then              '当成绩>90时,打印A
    Print "A"
ElseIf score>80 Then          '当成绩<=90且>80时,打印B
    Print "B"
ElseIf score>70 Then          '当成绩<=80且>70时,打印C
    Print "C"
ElseIf score>60 Then          '当成绩<=70且>60时,打印D
    Print "D"
Else
    Print "E"                 '当成绩不满足上述所有条件时,打印E
End If
```

3. IIf()函数

可以使用IIf()函数完成简单的If…Then…Else结构,其语法格式如下:

```
IIf(条件,表达式1,表达式2)
```

该函数的执行结果与如下语句相同:

```
If 条件 Then
    表达式1
Else
    表达式2
End If
```

例如,利用IIf函数判断变量x的取值,如果为奇数则在窗体上显示"奇数",如果为偶数则显示"偶数":

```
Print IIf(x Mod 2, "奇数", "偶数")
```

4.3.2 Select Case 语句

Select 语句的语法格式如下：

```
Select Case  条件
Case  取值 1
      语句块 1
Case  取值 2
      语句块 2
…
Case Else
      语句块 n+1
End Select
```

该语句实现选择结构程序的流程图如图 4-4 所示。

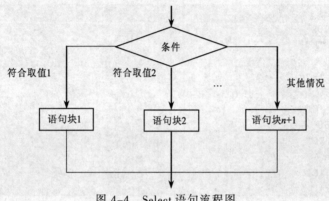

图 4-4 Select 语句流程图

语句的执行过程是：先对"条件表达式"求值，然后测试该值与哪一个 Case 子句后面的"表达式结果列表"的值相匹配。如果找到，则执行该 Case 子句后面的"语句块"，执行完该语句块后，跳到 End Select 语句的后面执行程序中下面的部分；如果没有找到，则执行 Case Else 子句后面的"语句块 $n+1$"。执行完任意语句块后，跳到 End Select 语句的后面，执行程序中下面的部分。从执行过程来看，"语句块 1""语句块 2"……不能被同时执行，从而实现了多分支结构。

其中：表达式结果列表可以是数值表达式或字符串表达式，有如下 4 种格式：
（1）值 1，值 2，…
当"条件表达式"的值与其中一个表达式的值匹配时，就执行该 Case 子句的语句块。例如：

```
Case 0, 1
Case "b", "B"
```

（2）值 1 To 值 2
这种形式用来指定一个取值范围[值 1，值 2]，当"条件表达式"的值处于这个范围时，就执行该 Case 子句的语句块。例如：

```
Case 1 To 9
Case "a" To "z"
```

（3）Is 关系运算表达式

只要"条件表达式"的值满足给定的条件，就执行该 Case 子句的语句块。关系表达式只能是简单条件，而不能是用逻辑运算符连接而成的复合条件。例如：

```
Case Is>0                '当"条件表达式"的值大于 0 时执行 Case 子句的语句块
```

（4）可以由以上 3 种形式混合组成，各种形式间用逗号隔开。例如：

```
Case 1 To 3, 5, 7, 9, Is>11
```

如果同一个域值范围在多个 Case 子句中出现，则只执行符合要求的第 1 个 Case 子句的语句块。在这种情况下，系统不检查两个 Case 子句是否有矛盾，而且一般也不会报错。

例如，可将学生成绩转换的例子使用 Select Case 语句控制其选择结构：

```
Select Case x
Case Is>90
    Print "A"
Case Is>80
    Print "B"
Case Is>70
    Print "C"
Case Is>60
    Print "D"
Case Else
    Print "E"
End Select
```

又如，利用 Select 语句判断用户在窗体上的按键是字母、数字或其他字符。

```
Private Sub Form_KeyDown(KeyCode As Integer, Shift As Integer)
    Select Case Chr(KeyCode)     'KeyCode 保存的是用户按键的 ASCII
        Case "a" To "z"
            Print "按键是小写字母"
        Case "A" To "Z"
            Print "按键是大写字母"
        Case "0" To "9"
            Print "按键是数字键"
        Case Else
            Print "按键是其他字符"
    End Select
End Sub
```

4.3.3 选择结构的嵌套

如果一个选择结构中出现了另一个选择结构，就被称为"选择结构的嵌套"。

例如，在涨工资时，除了判断工作年限外，还根据员工年龄，则可以使用选择结构的嵌套，代码如下：

```
If workingYear >= 5 Then
    If age >= 40 Then
```

```
            salary = salary + 1000
            bonus = bonus + 5000
        Else
            salary = salary + 500
            bonus = bonus + 2500
        End If
    Else
        MsgBox "本次不涨工资"
    End If
```

4.4 实 例

【例 4.1】应用 If 语句完成掷骰子游戏。程序运行时，在窗体表面显示两个图片代表两个玩家，单击"开始"，则在玩家头像旁边显示掷骰子结果，如图 4-5（a）。根据结果不同，弹出如图 4-5（b）所示的消息框，给出不同结果。

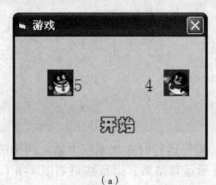

（a）

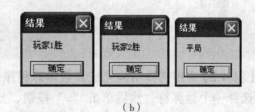

（b）

图 4-5　程序运行界面

程序设计步骤如下：
（1）新建"标准 EXE"工程。
（2）在 Form1 窗体上依次添加 2 个 Image 控件、3 个 Label 控件。
（3）在属性窗口中，设置对象属性，如表 4-2 所示。

表 4-2　属 性 设 置

对象	属性	属性值	功能
Image1	Picture	"C:\Male.bmp"	左边显示 QQ 图标，代表一个玩家
Image2	Picture	"C:\Female.bmp"	右边显示 QQ 图标，代表另一个玩家
Label1	Caption	""	用于显示玩家的点数
	Font	宋体，三号	
	ForeColor	&H000000C0&	红色
Label2	Caption	""	用于显示玩家的点数
	Font	宋体，三号	
	ForeColor	&H00C00000&	蓝色

续表

对象	属性	属性值	功能
Label3	（名称）	lblPlay	
	Caption	"开始"	可以使表面文字有颜色，比命令按钮美观
	Font	华文彩云，三号	
	ForeColor	&H00C000C0&	粉色

（4）进入代码编辑窗口中，编写如下事件过程：

```
Private Sub lblPlay_Click()
    Dim player1 As Integer          '保存玩家 1 的点数
    Dim player2 As Integer          '保存玩家 2 的点数
    player1 = Int(6 * Rnd + 1)      '利用随机数产生 1～6 间的点数
    player2 = Int(6 * Rnd + 1)
    label1.Caption = player1
    label2.Caption = player2
    If player1 > player2 Then       '比较点数给出结果
        MsgBox "玩家 1 胜", , "结果"
    ElseIf player1 = player2 Then
        MsgBox "玩家 2 胜", , "结果"
    Else
        MsgBox "平局", , "结果"
    End If
End Sub
```

【例 4.2】应用选择结构完成算数运算程序。程序运行时在文本框中输入两个运算数并选择一个运算符，然后单击"="按钮，显示运算结果，运行结果如图 4-6（a）所示。如果除数为 0，则显示如图 4-6（b）所示的"错误提示"对话框。单击"OFF"按钮，则显示如图 4-6（c）所示的对话框，此时单击"是"按钮，会退出程序；单击"否"按钮，不退出程序执行。

（a）"运算"的程序运行界面

（b）"错误提示"消息对话框

（c）"退出"的程序运行对话框

图 4-6 程序运行界面

程序设计步骤如下：

（1）新建一个"标准 EXE"工程。

（2）在 Form1 窗体上依次添加 3 个标签控件、3 个文本框控件和 6 个命令按钮控件。加减乘除的按钮分别名为 cmdAdd,cmdMinus,cmdMultiply,cmdDivide；"="按钮名为 cmdCompute；"OFF"按钮名为 cmdExit。文本框分别为 txtNumber1 和 txtNumber2。

（3）进入代码窗口中，编写如下事件过程：

```
Dim opt As String                      '保存运算符
Private Sub cmdAdd_Click()             '加法
  opt = "+"
End Sub
Private Sub cmdMinus_Click()           '减法
  opt = "-"
End Sub
Private Sub cmdMultiply_Click()        '乘法
  opt = "*"
End Sub
Private Sub cmdDivide_Click()          '除法
  opt = "/"
End Sub
Private Sub cmdCompute_Click()
  Dim number1 As Double, number2 As Double    '保存两个操作数
  Dim result As Double                        '保存运算结果
  number1 = Val(txtNumber1.Text)
  number2 = Val(txtNumber2.Text)
  Select Case opt                      '根据运算符不同，进行运算不同
  Case "+"
    result = number1 + number2
  Case "-"
    result = number1 - number2
  Case "*"
    result = number1 * number2
  Case "/"
    If number2 <> 0 Then               '当除数为0，则给出提示
      result = number1 / number2
    Else
      MsgBox "除数为0", , "错误提示"
      Exit Sub
    End If
  End Select
  txtResult.Text = result
End Sub
Private Sub cmdExit_Click()            '退出
  Dim answer As Integer
  answer = MsgBox("确实想退出吗", vbYesNo + vbQuestion, "退出")
  If answer = vbYes Then               '单击"确定"按钮，表示要退出程序
    End
  End If
End Sub
```

在单击每个运算符按钮时，都会将该运算符保存在窗体级变量 Opt 中。在单击"="按钮时，读入文本框中的运算数，根据 Opt 变量中的运算符，进行不同的运算，将结果显示在"结果"文本框中。

4.5 循环结构程序设计

循环结构依据某一条件,即"循环条件",反复执行某段程序,"即循环体"。循环体被反复执行的次数称为"循环次数"。

循环结构可以通过 4 种循环语句实现:While…Wend,For…Next,For Each…Next 和 Do…Loop 语句。其中,For Each…Next 语句用于数组;如果已知循环次数,则最好采用 For…Next 语句;如果循环次数未知,则最好采用 While…Wend 或 Do…Loop 语句。

4.5.1 While…Wend 语句

While…Wend 语句的语法格式如下:

```
While  循环条件
    循环体
Wend
```

(1)该语句实现的选择结构程序流程图如图 4-7 所示。

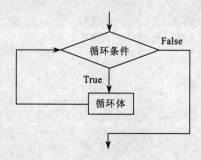

图 4-7 While…Wend 语句流程图

其执行过程是当"循环条件"成立时,执行"循环体",否则执行 Wend 后面的语句。

(2)"循环体"可以省略,这时称为"空循环"。

例如,求 1~100 之间所有整数的和,用 While…Wend 语句实现。

```
sum=0: i=1              'sum 变量保存求和结果
While i <=100           '只要满足当前整数 i<=100 条件就执行循环
    sum=sum+i           '每次将该整数累加进变量 sum 中
    i=i+1               '每次将待累加整数增加 1
Wend
```

4.5.2 For…Next 语句

For…Next 语句主要用于已知循环次数的循环,流程图如图 4-8 所示。

1. 概念

循环次数由一个变量控制,这个变量称为"循环变量"。"循环变量"按照设置的"步长",由"初值"变化到"终值"。如果"步长"为正数,则"初值"应小于"终值","循环变量"每次递增步长值,直到大于"终值";如果"步长"为负数,则"初值"应大于"终值","循环变量"每次递减步长值,直到小于"终值"。

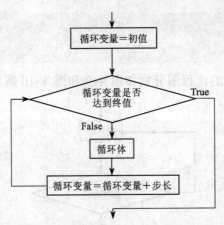

图 4-8 For...Next 语句流程图

2. 格式

For...Next 语句的语法格式如下:

```
For 循环变量 = 初值 To 终值 Step 步长
    循环体
Next 循环变量
```

① 省略 Step 部分则表示步长为 1。
② 在循环体内可使用 Exit For 提前结束循环。
③ 循环次数的计算公式如下:

```
循环次数=(终值-初值)\步长+1
```

例如,求 1~100 之间所有整数的和,用 For...Next 语句实现。

```
sum=0                          'sum 变量保存求和结果
For i=1 To 100 Step 1          'i 初始值为 1,每次增加 1,增加到终值 100 为止
    sum=sum+i                  '每次将该整数累加进变量 sum 中
Next i
```

4.5.3 Do...Loop 语句

这种语句是格式变化最丰富、使用最灵活的一种循环控制语句。可以使用 While 关键字或 Until 关键字带有循环条件,并且循环条件可以放在 Do 关键字或 Loop 关键字之后,这样一共有 4 种不同的格式。

1. While 型循环

While 型循环是当循环条件成立时执行循环,否则退出循环。
语法格式 1:

```
Do
    循环体
Loop While 循环条件
```

语法格式 2：

```
Do While 循环条件
    循环体
Loop
```

这两种 Do 循环语句的流程图分别如图 4-9 和图 4-10 所示。

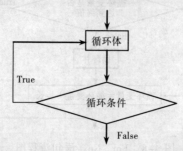

图 4-9　Do…Loop While 语句流程图

这两种格式的区别在于:格式 1 先执行循环体，再判断循环条件；而格式 2 先判断循环条件，再执行循环体。格式 1 的循环体至少被执行一次。

两种格式均可使用 Exit Do 提前结束循环。

例如，求 1～100 之间所有整数的和。

（1）用格式 1 实现：

```
sum=0: i=1              'sum 变量保存求和结果
Do
    sum=sum+i
    i=i+1
Loop While i <=100
```

（2）用格式 2 实现：

```
sum=0: i=1              'sum 变量保存求和结果
Do While i <=100
    sum=sum+i
    i=i+1
Loop
```

2．Until 型循环

Until 型循环是直到循环条件成立时退出循环，否则执行循环。

语法格式 1：

```
Do
    循环体
Loop Until 循环结束条件
```

语法格式 2：

```
Do Until 循环结束条件
    循环体
Loop
```

这两种 Do 循环语句的流程图分别如图 4-10（a）和图 4-10（b）所示。

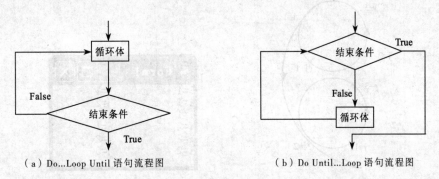

（a）Do...Loop Until 语句流程图　　　　　（b）Do Until...Loop 语句流程图

图 4-10　流程图

这两种格式的区别在于:格式 1 先执行循环体，再判断循环结束条件；而格式 2 先判断循环结束条件，再执行循环体。格式 1 的循环体至少被执行一次。

但两种格式均可使用 Exit Do 提前结束循环。

例如，求 1～100 之间所有整数的和。

（1）用格式 1 实现：

```
sum=0:i=1                    'sum 变量保存求和结果
Do
    sum=sum+i
    i=i+1
Loop Until i>100
```

（2）用格式 2 实现：

```
sum=0:i=1                    'sum 变量保存求和结果
Do Until i>100
    sum=sum+i
    i=i+1
Loop
```

4.5.4　循环结构的嵌套

一个循环结构的循环体内出现了另一个循环结构的现象称为"循环嵌套"。

例如，两个 For 循环的嵌套：

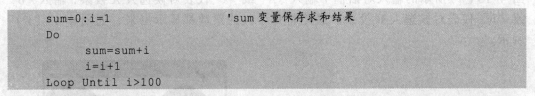

其中，将 i 变量控制的循环结构称为"外层循环"，把 j 变量控制的循环称为"内层循环"。外层循环循环两次，i 的取值分别为 1 和 2，内层循环循环 3 次，j 的取值分别为 1,2 和 3。内层循环体被执行了 2×3=6 次。该循环嵌套的执行过程如图 4-11 所示，执行结果如图 4-12 所示。

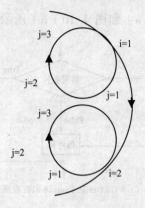

图 4-11　循环的嵌套

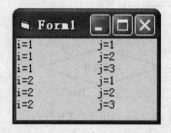

图 4-12　程序运行界面

4.6　实　例

【例 4.3】应用 For 循环实现投票的第 1 种方式（已知循环次数的循环）。总票数为 5，根据票数多少决定谁赢得选举。程序运行时，单击"投票"按钮，在如图 4-13（a）所示的输入对话框中输入"A"或"a"代表对候选人 A 投票，输入"B"或"b"代表对候选人 B 投票。最终将每个人的票数都显示出来，如图 4-13（b）所示。

（a）输入对话框

（b）运行界面

图 4-13　程序运行界面

```
Private Sub cmdVote_Click()
  Dim result As String            '保存输入选票
  Dim aCount As Integer           '保存A票数
  Dim bCount As Integer           '保存B票数
  Dim i As Integer
  For i = 1 To 5                  '投5票，产生5个输入框
    result = InputBox("输入A或a代表候选人A,输入B或b代表候选人B", _
    "选举", "a")
    '将输入的字母转换成小写
    result = LCase(result)
    If result = "a" Then          '如果对A投票，使其票数增加1
      aCount = aCount + 1
    ElseIf result = "b" Then      '如果对B投票，使其票数增加1
```

```
            bCount = bCount + 1
        End If
    Next i
    lblA.Caption = aCount        '显示投票结果
    lblB.Caption = bCount
End Sub
```

表 4-3 属 性 设 置

对　象	属　性	属 性 值	功　　能
Form1	Picture	"C:\bg.jpg"	在窗体上显示背景图片
Label1	（名称）	LblA	
	BackStyle	0-Transparent	使标签透明显示
	Caption	""	
Label2	（名称）	lblB	
	BackStyle	0-Transparent	
	Caption	""	
Command1	（名称）	cmdVote	
	Caption	"选举"	

【例 4.4】应用 While 循环实现投票的第二种方式（未知循环次数的循环）。已知半票数为 3，谁先达到半票数，则谁赢得选举。程序运行时，单击"投票"按钮，在如图 4-13（a）所示的输入对话框中输入"A"或"a"代表对候选人 A 投票，输入"B"或"b"代表对候选人 B 投票。最后显示谁赢得了选举，如图 4-14 所示。

图 4-14　程序运行界面

表 4-4 属 性 设 置

对　象	属　性	属 性 值	功　　能
Form1	Picture	"C:\bg.jpg"	在窗体上显示背景图片
Label1	（名称）	lblWin	
	BackStyle	0-Transparent	使标签透明显示
	Caption	""	
Command1	（名称）	cmdVote	
	Caption	"投票"	

```
Private Sub cmdVote_Click()
    Dim result As String            '保存输入选票
    Dim aCount As Integer           '保存A票数
    Dim bCount As Integer           '保存B票数
    Do Until aCount = 3 Or bCount = 3 '直到一个人的票数达到半票3，则不再继续投票
      result = InputBox("输入A或a代表候选人A,输入B或b代表候选人B","选举","a")
      If result = "a" Then
        aCount = aCount + 1
      ElseIf result = "b" Then
        bCount = bCount + 1
      End If
    Loop
    If aCount = 3 Then
      lblWin.Caption = "A wins"
    Else
      lblWin.Caption = "B wins"
    End If
End Sub
```

【例4.5】使用循环嵌套求 $\frac{1}{1!}+\frac{1}{2!}+\frac{1}{3!}+L+\frac{1}{n!}$ 前 n 项的和。

程序设计步骤如下：
（1）新建一个"标准EXE"工程。
（2）进入代码编辑窗口中，编写如下事件过程：

```
Private Sub Command1_Click()
Dim sum As Single, a As Single      '保存各项求和结果和各项分母
Dim i As Single, j As Single
n = 10
For i = 1 To n                      '外层循环求各项和
  a = 1
  For j = 1 To i                    '内层循环求每项的分母
    a = a * j
  Next j
  sum = sum + 1 / a
Next i
Me.Print sum
End Sub
```

【例4.6】应用Exit For语句求素数。

程序运行时，输入一个正整数，如图4-15（a）所示，再单击"是否是素数？"。如果是素数，则给出如图4-15（b）所示的提示；否则给出如图4-15（c）所示的提示。

判断某个数据number是否为素数可采用以下算法：

如果number不能被2～$\sqrt{number}$之间任何整数整除，则number为素数。

第4章 Visual Basic 程序设计结构

（a）求素数　　　　　　　（b）是素数　　　　　　（c）不是素数

图 4-15　程序运行界面

程序设计步骤如下：
（1）新建一个"标准 EXE"工程。
（2）建立程序用户界面。在窗体上添加 1 个命令按钮，1 个文本框。
（3）进入代码编辑窗口中，编写如下事件过程。

```
Private Sub Command1_Click()
    Dim number As Integer
    Dim i As Integer
    Dim k As Single
    Dim flag As Boolean        'number 是否是素数
    
    number = Text1.Text
    k = Sqr(number)
    flag = True                '假定 number 是素数
    
    '在 2~k 之间寻找是否有可以整除 number 的数据
    '如果找到，则证明 number 非素数，不必进行其余求余运算
    
    For i = 2 To k
        If number Mod i = 0 Then
            flag = False       'number 不是素数
            Exit For
        End If
    Next i
    
    If flag = True Then
        MsgBox "是素数", vbExclamation,   "判断结果"
    Else
        MsgBox "不是素数", vbCritical,   "判断结果"
    End If
End Sub
```

小　　结

本章主要介绍了 Visual Basic 程序设计的 3 种基本结构：顺序结构、选择结构和循环结构。在顺序结构中程序由上到下依次执行每一条语句；在选择结构中程序判断某个条件是否成立，以决定执行哪部分代码；在循环结构中程序判断某个条件是否成

立，以决定是否重复执行某部分代码。选择结构和循环结构都由结构控制语句实现。对于选择结构，如果需要根据表达式的多个不同离散化取值决定程序的执行，则应使用 Select Case 语句；如果表达式取值连续，则结构简单采用单行 If 语句，结构复杂采用多行 If 语句。对于循环结构，如果已知循环次数，则最好采用 For 语句；如果未知循环次数，则最好采用 Do 或 While 语句。循环体语句可以是另一个循环结构，这种现象称为循环的嵌套。

思考与练习题

一、思考题

1. Visual Basic 6.0 的基本程序设计结构分为哪几种？每种结构可以由什么语句实现？
2. 什么是循环的嵌套？循环的嵌套对执行效率的影响是什么？
3. If 语句和 Select Case 语句的区别是什么？For 语句和 While 语句的区别是什么？

二、选择题

1. 下面程序执行结果是（　　）。

```
Private Sub Command1_Click()
a = 10
For k = 1 To 5 Step -1
    a = a - k
Next k
Print a; k
End Sub
```

  A. -5 6   B. -5 -5   C. 10 0   D. 10 1

2. 设窗体上有一个名为 Text1 的文体框和一个名为 Command1 的命令按钮，并有以下事件过程：

```
Private Sub Command1_Click()
x! = Val(Text1.Text)
Select Case x
Case Is < -10, Is >= 20
    Print "输入错误"
Case Is < 0
    Print 20 - x
Case Is < 10
    Print 20
Case Is <= 20
    Print x + 10
End Select
End Sub
```

程序运行时，如果在文本框中输入-5，则单击命令按钮后的输出结果是（　　）。

  A. 5   B. 20   C. 25   D. 输入错误

3. 设有如下程序

第4章 Visual Basic 程序设计结构

```
Private Sub Command1_Click()
    x = 10: y = 0
    For i = 1 To 5
        Do
            x = x - 2
            y = y + 2
        Loop Until y > 5 Or x < -1
    Next
End Sub
```

运行程序，其中 Do 循环执行的次数是（　　）。
  A. 15   B. 10   C. 7   D. 3

4．设 a=5, b=6, c=7, d=8，执行语句 x=IIf（(a>b) And (c>d), 10, 20）后，x 的值是（　　）。
  A. 10   B. 20   C. 30   D. 200

5．设有分段函数：

$$y = \begin{cases} 5 & \text{当} x < 0 \\ 2x & \text{当} 0 \leqslant x \leqslant 5 \\ x^2 + 1 & \text{当} x > 5 \end{cases}$$

以下表示上述分段函数的语句序列中错误的是（　　）。
  A. Select Case x   B. If x < 0 Then
    Case Is < 0   y = 5
      y = 5   ElseIf x <= 5 Then
    Case Is <= 5, Is > 0   y = 2 * x
      y = 2 * x   Else
    Case Else   y = x * x + 1
      y = x * x + 1   End If
  End Select
  C. y = IIf(x < 0, 5,   D. If x < 0 Then y = 5
    IIf(x <= 5, 2 * x, x * x + 1))   If x <= 5 And x >= 0 Then y = 2 * x
                 If x > 5 Then y = x * x + 1

6．以下程序段的输出结果是（　　）。

```
x = 1
y = 4
Do Until y > 4
    x = x * y
    y = y + 1
Loop
Print x
```

  A. 1   B. 4   C. 8   D. 20

7．下面程序运行时，若输入"Visual Basic Programming"，则在窗体上输出的是（　　）。

```
Dim count(25) As Integer, ch As String
Dim k As Integer, n As Integer, m As Integer
ch = UCase(InputBox("请输入字母字符串"))
For k = 1 To Len(ch)
  n = Asc(Mid(ch, k, 1)) - Asc("A")
  If n >= 0 Then
    count(n) = count(n) + 1
  End If
Next k
m = count(0)
For k = 1 To 25
  If m < count(k) Then
    m = count(k)
  End If
Next k
Print m
```

A. 0   B. 1   C. 2   D. 3

三、填空题

1. 在窗体上画一个命令按钮，其名称为 Command1，然后编写如下事件过程：

```
Private Sub Command1_Click()
    x = 1
    result = 1
    While x <= 10
        result = _____
        x = x + 1
    Wend
    Print result
End Sub
```

上述事件过程用来计算10!，请填空。

2. 在窗体上画一个命令按钮，其名称为 Command1，然后编写如下事件过程：

```
Private Sub Command1_Click()
    t = 0: m = 1: Sum = 0
    Do
        t = t + _____
        Sum = Sum + _____
        m = m + 2
    Loop While _____
    Print Sum
End Sub
```

该程序的功能是，单击命令按钮，则计算并输出以下表达式的值：1+(1+3)+(1+3+5)+…+(1+3+5+…+39)请填空。

四、编程题

1. 新建工程，在窗体上添加两个文本框 Text1 和 Text2。要求在文本框 Text1 中输入字符时，限制只能输入 15 个字符，其余部分在 Text2 中显示。

2. 求整数的所有因子，界面如图 4-16 所示。要求输入整数，单击"求解"，在文本框中给出该整数的所有因子。

图 4-16　程序运行界面

3. 新建工程，在窗体上添加一个文本框和一个命令按钮，设置命令按钮标题为"计算"。程序运行后，要求单击"计算"按钮时求出 100～200 之间所有可以被 3 整除的数的总和，并在文本框中显示出来。

4. 在窗体上添加一个命令按钮、一个文本框和一个标签控件。程序运行时在文本框内输入宿舍的学生人数 n，然后单击命令按钮，检查 n 的合法性。如果 n≤0，则提示重新输入；如果 n 值合法，则依次弹出 n 个输入对话框，在其中输入学生的 Visual Basic 考试成绩，最后在标签上显示平均分。

5. 求序列前 n 项的和。

序列通项如下：$S_k = (-1)^k \times \dfrac{1}{2k-1}$（$k \geqslant 1$），采用以下两种不同要求求和：

（1）要求使用文本框输入 n 的值，并将求和结果显示在标签表面。

（2）用户无须输入 n 的值，要求第 n 项精度大于等于 10^{-6} 即可，小于此精度时不再累加。

第 5 章 数　　组

数组是一组相同类型的变量组成的集合，变量在数组中按顺序排列。Visual Basic 中可以根据需要定义不同维数的数组，常用的有一维和二维数组。一维数组相当于一个数列，二维数组则相当于一个二维表格的数据。在不能确定数组元素个数的情况下，可定义动态数组。另外，在 Visual Basic 中还可定义控件数组。

本章要点

- 静态数组。
- 动态数组。
- 一维和二维数组的应用。
- 数组相关的函数。
- 控件数组。

5.1 静态数组

普通变量在一个时刻只能存放一个值，而在批量处理数据时，需要一次性定义多个变量，这可以通过数组实现。

5.1.1 概述

1. 引例

【例 5.1】某班共 25 人，现按照学号依次录入某门课成绩，如图 5-1（a）和图 5-1（b）所示。将成绩保存起来后，可以根据学号查询成绩。

图 5-1　程序运行界面

单击"输入成绩"按钮，连续弹出 25 个输入对话框，要求用户输入学生成绩。例如，用户输入 67，77，87，…后，再输入作为查询条件的学号 3 后，单击"查询成绩"按钮，则给出查询结果 87。

分析：这个程序如果不使用数组实现，则需要定义 25 个变量 score1…score25 保存所有成绩用以查询；并且需要 25 条使用 InputBox()函数的语句完成输入。

```
Dim score1 As Integer
Dim score2 As Integer
…
Dim score25 As Integer
score1=Val(InputBox("输入第 1 号学生成绩"))
score2=Val(InputBox("输入第 2 号学生成绩"))
…
score25=Val(InputBox("输入第 25 号学生成绩"))
```

虽然这个过程很容易找到规律，但是实现却很烦琐，无法使用循环结构。

2．基本概念

（1）数组：是一组具有相同名字、不同下标的变量的集合。

（2）数组元素：数组中的每个变量称为一个数组元素，所有数组元素都有相同的数据类型，这也是数组的类型。数组元素的名字由数组名和下标两部分组成，其中数组名是所有元素共同的部分。数组元素下标是在一个范围内连续排列的，这个范围就是下标的下界和上界。

（3）静态数组：数组必须先定义后使用，定义数组时就确定下标界限，该数组就是静态数组。

（4）动态数组：定义数组时不确定下标界限，该数组就是动态数组。

（5）数组长度：数组包含元素的个数。

（6）数组维度：数组元素下标的个数称为数组的维度。数组分为一维数组、二维数组、三维数组。

一维数组可以存储一个数据序列；二维数组可以存储一个表格、三维数组可以存储多个表格，如图 5-2 所示。

某学生各科成绩

85	66	72	95	82	78

某班学生各科成绩

85	66	72	95	82	78
69	86	56	88	90	72
…	…	…	…	…	…
90	54	81	83	77	57
73	77	83	61	43	84

图 5-2　一维数组、二维数组、三维数组的应用

3个班学生成绩

85	66	72	95	82	78
69	86	56	88	90	72
…	…	…	…	…	…
90	54	81	83	77	57
73	77	83	61	43	84

图 5-2　一维数组、二维数组、三维数组的应用（续）

3. 数组的应用

所以上例可以采用定义一个名为 score 的整型数组，包含 25 个数组元素，score(1)，score(2)，…，score(25)，每个元素都相当于一个整型变量可以单独使用，只须使用一条语句就可以定义整个数组：

```
Dim score(1 To 25) As Integer    '在"通用|声明"中定义，使 2 个事件中都可用
```

这样，就可以使用循环结构完成数据的输入：

```
Private Sub cmdInput_Click()              '输入数据
    Dim i As Integer
    For i=1 To 25
      score(i)=Val(InputBox("输入第" & i & "号学生成绩"))
    Next i
End Sub
```

可见相对于普通变量，数组和循环结构在处理批量数据时优越性明显。其对应关系如图 5-3 所示。

```
Dim score1 As Integer
Dim score2 As Integer
…
Dim score25 As Integer
score1=Val(InputBox("输入第 1 号学生成绩 "))
score2=Val(InputBox("输入第 2 号学生成绩 "))
…
score25=Val(InputBox("输入第 25 号学生成绩 "))
```

```
Dim score(1 To 25) As Integer
```

```
Dim i As Integer
For i=1 To 25
  score(i)=Val(InputBox("输入第" & i & "号学生成绩"))
Next i
```

图 5-3　普通变量与数组的比较

查询数据其实相当于给定数组元素下标，就可以得到该元素的值。

```
Private Sub cmdSearch_Click()        '查询数据
    Dim i As Integer
    Dim number As Integer
    number=Val(txtIn.Text)
    txtOut.Text=score(number)
End Sub
```

5.1.2 一维数组

1．一维数组的定义

定义一维数组的语法格式如下：

```
Dim 数组名(下界 To 上界) As 类型
```

例如：

```
Dim score(1 To 25) As Integer
```

（1）该语句出现在过程内部，则该数组在过程内部有效；如果定义在"通用|声明"部分，则数组在当前窗体中有效。此外，如果用 Public 关键字在"通用|声明"部分定义的数组则在所有窗体中使用。

（2）如果同时定义多个数组，可用逗号隔开。例如：

```
Dim a(1 To 2) As Integer, b(1 To 3) As Integer
```

（3）如果省略下标下界和 To，则默认数组下界为 0。例如：

```
Dim a(4) As Integer
'等价于 Dim a(0 To 4) As Integer,包含 5 个元素 a(0),…,a(4)
```

（4）如果希望数组下标下界默认从 1 开始，则可在窗体的"通用|声明"中使用 Option Base 语句改变默认值。

例如：

```
Option Base 1            '在"通用|声明"中使用
Dim a(4) As Integer      '等价于 Dim a(1 To 4) As Integer
```

（5）静态数组下标上下界必须都是常量，不能使变量。例如，以下用法是错误的：

```
Dim k As Integer
k=6
Dim num(1 To k) As Integer
```

2．一维数组的使用

（1）单个数组元素的使用。数组元素相当于普通变量，可以直接进行赋值或参与运算，其格式为：

```
数组名（下标）
```

例如：

```
Dim num(1 To 2) As Integer
num(1) = 1
num(2) = num(1) + 1
```

（2）For...Next 循环在数组中的使用。使用一维静态数组，主要是结合 For 循环使用。如果要处理数组中所有元素，则循环变量 i 的初值和终值分别应该是数组下标的上界和下界。

例如：

```
Dim num(1 To 5) As Integer
Dim i As Integer
For i = 1 To 5            '循环变量范围与数组下标范围相同
   num(i) = i             '在循环体内,数组元素表示成:数组名(i)
   Me.Print num(i)
Next i
```

则输出结果为

```
1
2
3
4
5
```

(3) For Each…Next 循环在数组中的使用。For Each…Next 语句是专用于数组的循环语句,其语法格式为

```
For Each 数组元素 In 数组
      循环体
Next 数组元素
```

其中数组元素是一个 Variant 类型变量,表示数组中的元素。数组长度是多少,循环体就执行几次。例如:

```
Dim num(1 To 5) As Integer
Dim x As Variant
For Each x In num
   x = 3
   Print x
Next x
```

则输出结果为:

```
3
3
3
3
3
```

(4) For 循环和 InputBox 函数在数组中的使用。为了将用户输入的多个数据保存在数组中,可以将 InputBox 函数作为 For 循环的循环体。例如:

```
Dim num(1 To 10) As Integer
Dim i As Integer
For i = 1 To 10
   num(i) = Val(InputBox("输入第" & i & "个数据"))
Next i
```

(5) 符号常量在数组中的使用。通常为了让程序更易修改和调试,通常使用符号常量作为数组长度。例如:

```
Const N As Integer = 10
```

```
Dim num(1 To N) As Integer
Dim i As Integer
For i = 1 To N
    num(i) = Val(InputBox("输入第" & i & "个数据"))
Next i
```

这样,如果当用户处理 20 个数据时,只需要改动 N 的定义成为 Const N As Integer = 20 就可以了。

(6)"下标"越界错误。数组元素的下标不能超过下界和上界的范围,否则会出现"下标越界"的错误。例如:

```
Dim num(1 To 10) As Integer
Dim i As Integer
For i = 1 To 10      '循环变量范围与数组下标范围相同
    num(i) = i       '在循环体内,数组元素表示成:数组名(循环变量)
Next i
Print num(i)         '结束循环时,i 的值为 11,相当于 Print num(11),则出错
```

错误提示如图 5-4 所示。

图 5-4 "下标越界"的错误

3. 数组操作函数

(1)Array 函数。其功能为给数组元素赋初值。其语法格式为

```
数组名=Array(数组元素值1,值2,…)
```

其中,数组必须定义为 Variant 类型。所需参数是一个用逗号隔开的值表,这些值用于给 Variant 类型的数组各元素赋值。若不提供参数,则创建一个长度为 0 的数组。例如:

```
Dim num() as Variant           '等价于 Dim num
num = Array(154, 135, 121)
```

则数组 num 现在有 3 个元素,其值分别为 154,135 和 121。

(2)LBound 与 UBound 函数。其功能分别为返回数组的指示维度的下标下界与上界。其语法格式为

```
LBound|UBound (数组名,维度)
```

例如，有数组定义如下：

```
Dim num (1 To 10, 1 To 5) As Integer
Me.Print LBound(num,1)
Me.Print UBound(num,2)
```

运行结果为：

```
1
5
```

这两个函数可以配合 Array 函数使用，确定循环结构中循环变量的范围。例如：

```
Private Sub Form_Click()
   Dim num() As Variant
   Dim i As Integer
   num = Array(3, 5, 7, 9, 12, 4, 5, 16, 8, 23, 44, 63)
   For i=LBound(num) To UBound(num)
        Print num(i)
   Next i
End Sub
```

其中，循环变量 i 的初始值是 LBound(num)，终止值是 UBound(num)。

5.1.3 二维数组

二维数组可以处理一个二维的数据表格，二维数组的元素有两个下标，表示其在二维表格中的行与列的位置。

1．二维静态数组的定义

二维静态数组的定义格式如下：

```
Dim 数组名(下界 To 上界, 下界 To 上界) As 类型
```

其中逗号分隔开第一维和第二维的下标界限。第一维相当于数据表格的行，第二维相当于数据表格的列。

例如，可以定义二维数组 score 保存 3 个班同学的成绩，每班至多 20 人：

```
Dim score(1 To 3, 1 To 20) As Integer
```

2．二维静态数组的使用

（1）单个数组元素的使用。每个数组元素两个下标，格式如下：

```
数组名（第一维下标，第二维下标）
```

例如：

```
Dim score(1 To 3, 1 To 20) As Integer
score(1, 1) = 98    '一班一号同学成绩为 98
score(2, 1) = 76    '二班一号同学成绩为 76
```

（2）For 循环在数组中的使用。二维数组常常结合双重 For 循环使用。如果要处理二维数组中所有元素，则应定义两个循环变量：外层循环变量 i 用于控制行的循环，内层循环变量 j 用于控制列的循环。其初值和终值分别应该是数组第一维和第二维下

标的上界和下界。循环体内数组元素的格式是：

```
数组名(i,j)
```

例如：

```
Dim score(1 To 3, 1 To 20) As Integer
Dim i As Integer    '控制行的循环
Dim j As Integer    '控制列的循环

For i = 1 To 3      '共3行
  For j = 1 To 20   '共20列
    score(i, j) = Val(InputBox("输入数据"))
  Next j
Next i
```

5.2 动态数组

与静态数组相对应的是动态数组，即定义数组时数组元素个数不定的数组。有时可能事先不知道数组到底多大才合适，希望在运行时可以改变数组的大小，这时就要使用动态数组。例如，预先不知道用户要处理多少个学生的成绩时，就可以定义动态的 score 数组。

创建动态数组，需要分两步进行：

（1）声明一个不带维数定义和界限的数组，这样只声明一个数组的名称，并不分配内存空间。

Dim 数组名() **As** 数据类型

（2）用 ReDim 语句重新定义数组，指出数组的大小。

ReDim 数组名 (下界 **To** 上界)

① ReDim 语句只能出现在过程中。
② 下标上下界可以用变量或表达式。
③ ReDim 执行时，当前存储在数组中的值会丢失。如果希望改变数组的大小但又不丢失数据，只要在 ReDim 的后边加上 Preserve 即可。
④ ReDim 语句不能重新定义数据类型。首次使用 ReDim 时可以决定数组的维数，以后再用 ReDim 时可以改变界限，但不能再改变维数。

例如，要处理两个部门的员工工资信息，但需要程序运行时用户在文本框 txtNumber 中输入部门员工数。则可先用 Dim 语句建立动态数组 salary。然后在得到用户输入后，在过程内部重新定义数组。

```
Private Sub Form_Click()
   Dim salary() As Integer         '也可在"通用|声明"中使用
   Dim n As Integer
   n=Val(txtNumber.Text)
   ReDim salary(1 To 2, 1 To n)   '程序运行时确定数组大小后，重新定义数组
```

...
End Sub

5.3 实 例

【例 5.2】应用一维静态局部数组求若干随机数的极大值、极小值和平均值。程序运行界面如图 5-5 所示。

图 5-5 程序运行界面

程序设计步骤如下：
（1）新建"标准 EXE"工程。
（2）建立程序用户界面，在窗体上添加 1 个命令按钮和 3 个文本框。
（3）进入代码编辑窗口中，编写如下事件过程：

```
Private Sub command1_Click()
   Dim n As Integer, m As Integer, s As Single
   Dim x As Variant, i As Integer
   Dim a(1 To 10) As Integer
   m=100: n=0: s=0
   Randomize
   For i=1 To 10
      a(i)=Int(Rnd * 99+1)           '利用 Rnd 函数生成 1~99 之间的随机数
   Next i
   For Each x In a
      If x > n Then n=x
      If x < m Then m=x
      s=s+x
   Next x
   Text1.Text=n
   Text2.Text=m
   Text3.Text=s / 10
End Sub
```

【例 5.3】应用一维静态全局数组求 10 个 100 以内的随机数的最大值、最小值、平均值和方差。程序运行界面如图 5-6 所示。

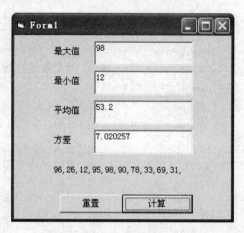

图 5-6 【例 5.3】程序运行界面

程序设计步骤如下：
（1）新建一个"标准 EXE"工程。
（2）建立程序用户界面。在窗体上添加 4 个文本框，2 个命令按钮，分别修改其 Caption 属性为"重置"和"计算"；4 个标签控件。
（3）进入代码编辑窗口中，编写如下事件过程：

```
Dim a(10) As Integer
Private Sub cmdReset_Click()    '重置按钮将所有文本框内容清 0
    Form_Load                   '调用 Form_Load 事件的处理程序，重新生成随机数
    txtMax.Text=""
    txtMin.Text=""
    txtAvg.Text=""
    txtDev.Text=""
End Sub

Private Sub cmdCompute_Click()
    Dim max As Integer, min As Integer, p As Single
    Dim dev As Single, s As Single, avg As Single, i As Integer
    min=a(1): max=a(1): s=0
    For i=2 To 10
        If a(i)>max Then max=a(i)    '求数组元素的最大值
        If a(i)<min Then min=a(i)    '求数组元素的最小值
        s=s+a(i)
    Next i
    avg=s/10                          '求平均值
    dev=0
    For i=1 To 10
        p=a(i)-avg
        dev=p*p
    Next i
    dev=Sqr(dev/10)                   '求方差
    txtMax.Text=max                   '在文本框中显示上面求得的结果
    txtMin.Text=min
    txtAvg.Text=avg
```

```
        txtDev.Text=dev
    End Sub

    Private Sub Form_Load()                '对数组进行初始化
        Dim Str As String, i As Integer
        Randomize
        Str=""
        For i=1 To 10
            a(i)=Int(Rnd*90)+10            '生成10个100以内的随机数
            Str=Str&CStr(a(i))&","         '数组中每个元素连接成一个字符串
        Next i
        lblResult.Caption=""
        lblResult.Caption=lblResult.Caption & Str   '在标签控件中显示初始
                                                     数组元素
    End Sub
```

【例 5.4】应用一维静态全局数组的排序算法将 n 个数按由小到大的顺序排列。

这是一个排序问题，排序的方法有很多，这里介绍两种："冒泡排序"和"选择排序"。

（1）冒泡排序。依次比较数组相邻两元素的值，即 a(1)与 a(2)比较，如 a(1)>a(2)，则两者交换，否则不变，然后 a(2)再与 a(3)比较，前者大则交换……直到 a(n-1)与 a(n)比较。经过一轮以后，最小者"沉"到最后，所有最大数后移一个位置，往上"冒"，故得名"冒泡法"。程序运行界面如图 5-7 所示，算法如图 5-8 所示，图中画圈元素表示已经确定位置的数据。

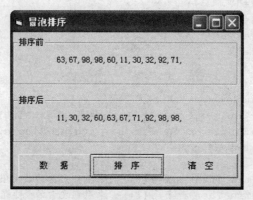

图 5-7 程序运行界面

由此，可以找到如下规律：n 个数，需要 n-1 遍扫描数组，每次扫描都找到当前的最大值放在最后；在第 i 遍扫描时，需要比较 n-i 次，才能得到最大值。所以，利用双重 For 循环，外层变量 i 控制的 For 循环，负责扫描 n-1 次数组；内层 j 变量控制的 For 循环通过 n-i 次两两比较、交换，得到当前的最大值。

程序设计步骤如下：

① 新建一个"标准 EXE"工程。

② 建立程序用户界面。在窗体上添加两个框架控件，分别在它们上面放置标签控件 lblOriginal 和 lblOrdered，用来显示排序前和排序后的数组；添加 3 个命令按钮

cmdData、cmdSort 和 cmdClear，将其 Caption 属性设置为"数据"、"排序"和"清空"。

```
第一遍，两两比较 4 次              第二遍，两两比较 3 次
a(1)  a(2)  a(3)  a(4)  a(5)        a(1)  a(2)  a(3)  a(4)  a(5)
 6     4     7     3     5           4     6     3     5     7
 4     6     7     3     5           4     3     6     5     7
 4     6     7     3     5           4     3     6     5     7
 4     6     3     7     5           4     3     5    (6     7)
 4     6     3     5    (7)

第三遍，两两比较 2 次              第四遍，两两比较 1 次
a(1)  a(2)  a(3)  a(4)  a(5)        a(1)  a(2)  a(3)  a(4)  a(5)
 4     3     5     6     7           3    (4     5     6     7)
 3     4     5     6     7
 3     4    (5     6     7)
```

图 5-8　冒泡排序

③ 进入代码编辑窗口中，编写如下事件过程：

```
Dim a(1 To 10) As Integer
Dim str As String

Private Sub cmdClear_Click()    '清空文本框
    lblOriginal.Caption=""
    lblOrdered.Caption=""
End Sub

Private Sub cmdData_Click()     '随机产生初始待排序的数据，保存在数组 a 中
    Dim i As Integer
    Randomize
    str=""
    For i=1 To 10
        a(i)=Int(Rnd*90)+10     '每个数据位于 10～90 之间
        str=str&a(i)&","
    Next i
    lblOriginal.Caption=str
End Sub

Private Sub cmdSort_Click()             '排序
    Dim i As Integer, j As Integer, temp As Integer
    str=""
    For i=1 To 9                        '找到每次的最大值
        For j=1 To 10 - i               '找当前最大值时，进行相邻元素的两两比较
            If a(j) > a(j+1) Then       '相邻两个元素比较，将小数交换到前面去
                temp=a(j)
                a(j)=a(j+1)
                a(j+1)=temp
```

```
            End If
        Next j
    Next i
    For i=1 To 10                    '显示排序后的结果
        str=str & a(i) & ","
    Next i
    lblOrdered.Caption=str
End Sub
```

（2）选择排序。冒泡排序法比较容易理解，但是由于数据交换过于频繁，算法效率低。现将 a(i)与其后的 a(j)进行比较，当 a(j)大于 a(i)时，先不急于交换[因为 a(j)并不一定是这一轮中最大的，可能还有更大的]，而是用一个变量 t 记录 j 的下标（即第几个数），然后继续比较下去，将最小数的下标 j 存放在 t 中，一轮比较完毕，a(t)便是最大的，只要将 a(i)与 a(t)交换即可。一轮只交换一次，这样大大提高了程序的效率。算法如图 5-9 所示，图中画圈元素表示被交换的元素。

第一遍，找最小值放在 a(1)　　　min minPos　　　　第二遍，找最小值放在 a(2)　　　min minPos

a(1)	a(2)	a(3)	a(4)	a(5)	6	1	a(1)	a(2)	a(3)	a(4)	a(5)	4	2
6	**4**	7	3	5	4	2	3	**4**	7	5	6	4	2
6	4	**7**	3	5	4	2	3	4	7	**6**	5	4	2
6	4	7	**3**	5	3	4	3	4	7	6	**5**	4	2
6	4	7	3	**5**	3	4	3	4	7	6	5		
③	4	7	⑥	5									

第三遍，找最小值放在 a(3)　　　min minPos　　　　第四遍，找最小值放在 a(4)　　　min minPos

a(1)	a(2)	**a(3)**	a(4)	a(5)	7	3	a(1)	a(2)	a(3)	**a(4)**	a(5)	6	4
3	4	7	**6**	5	6	4	3	4	5	6	**7**	6	4
3	4	7	6	**5**	5	5							
3	4	⑤	6	⑦									

图 5-9　选择排序

由此，可以找到如下规律：n 个数，需要 n-1 遍扫描数组，外层 i 变量控制的 For 循环每次扫描都找到当前的最小值放在最前面；在第 i 遍扫描时，将当前最小值保存在 a(i)中。内层 j 变量控制的 For 循环是找当前最小值的过程，通过比较从 a(i+1)到 a(n)与当前最小值的关系，不断更新最小值并记录其位置。最终，交换最小值和 a(i)。

直接修改上边"冒泡排序"程序的"排序"按钮单击事件过程如下：

```
Private Sub cmdSort_Click()         '排序
    Dim minPos As Integer, min As Integer
    Dim temp As Integer
    Dim i As Integer, j As Integer
    str=""
    For i=1 To 9                    '求当前最小值,保存在 a(i)中
        minPos=i: min=a(i)          '将 a(i)的值暂存到 min 中,下标 i 暂存到 minPos 中
```

```
        For j=i+1 To 10           '将min的值与剩余的a(i+1)到a(10)的值进行比较
            If min>a(j) Then      '若a(j)较小,
                min=a(j)          '保存较小元素a(j)到min中
                minPos=j          '保存较小元素下标j到minPos中
            End If
        Next j
        temp=a(minPos)            '将当前最小值a(minPos)与a(i)交换
        a(minPos)=a(i)
        a(i)=temp
    Next i

    For i=1 To 10                 '显示排序后的结果
        str=str&a(i)&","
    Next i
    lblOrdered.Caption=str
End Sub
```

【例 5.5】应用顺序查找法从 n 名学生的成绩表中查找第 1 个成绩等于输入成绩的学生。这里采用"顺序查找"的方法，即从头到尾扫描一遍保存成绩的数组，从中找出所需要的数组元素的下标即学号。数据查找成功的程序运行界面如图 5-10（a）所示，数据查找不成功的程序运行界面如图 5-10（b）所示。

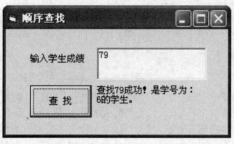
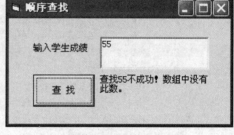

（a）输入"79"的查找界面　　　　　　（b）输入"55"的查找界面

图 5-10　程序运行界面

程序设计步骤如下：

（1）新建一个"标准 EXE"工程。

（2）建立程序用户界面。在窗体上添加一个命令按钮 cmdSearch，修改其 Caption 属性为"查找"；添加文本框 txtScore 用于输入带查询成绩；添加标签 lblResult 用于显示查找结果。

（3）进入代码编辑窗口中，编写如下代码：

```
Option Base 1
Private Sub cmdSearch_Click()
    Dim score() As Variant, number As Integer
    Dim flag As Boolean, i As Integer    'flag表示是否找到数据
    flag=False
    score=Array(67, 58, 92, 68, 86, 79, 76, 52, 88)
    number=Val(txtScore.Text)
    For i=1 To UBound(score)
```

```
        If score(i)=number Then          '找到将flag设置为True,退出循环
            flag=True
            Exit For
        End If
    Next i
    If flag=True Then                    '如果flag值为True,表示查找到
        lblResult.Caption="查找" & number & "成功! 是学号为: " & i &"的学生。"
    Else
        lblResult.Caption="查找" & number & "不成功! 数组中没有此数。"
    End If
End Sub
```

【例5.6】应用二维数组实现两个相同阶数的矩阵 A 和 B 的相加,结果矩阵 $C=A+B$。程序运行界面如图5-10所示。

程序设计步骤如下：

（1）新建一个"标准EXE"工程。

（2）在窗体上添加一个命令按钮,设置其Caption属性为"求和"；两个标签控件,将其Caption属性分别设置为"矩阵A：" "矩阵B："，分别显示随机矩阵A和B。

（3）进入代码编辑窗口中，编写如下事件过程：

```
Option Base 1
Private Sub Command1_Click()
    Dim a(4, 5) As Integer, b(4, 5) As Integer
    Dim c(4, 5) As Integer
    For i=1 To 4
        For j=1 To 5
            a(i, j)=Int(Rnd*90)+10                '产生A矩阵,保存在a数组
            b(i, j)=Int(Rnd*90)+10                '产生A矩阵,保存在b数组
            Label1.Caption=Label1.Caption & a(i, j) & " " '显示A矩阵
            Label2.Caption=Label2.Caption & b(i, j) & " " '显示B矩阵
            c(i, j)=a(i, j)+b(i, j)               '计算C矩阵,保存在c数组
            Label3.Caption=Label3.Caption & c(i, j) & " " '显示B矩阵
        Next j

        Label1.Caption=Label1.Caption & Chr(10)   '显示完当前行,换行
        Label2.Caption=Label2.Caption & Chr(10)
        Label3.Caption=Label3.Caption & Chr(10)
    Next i
End Sub
```

【例5.7】应用二维数组产生随机矩阵,并实现矩阵的转置,即将对角线两侧的元素行列下标互换。程序运行界面如图5-11所示。

程序设计步骤如下：

（1）新建一个"标准EXE"工程。

（2）在窗体上添加一个命令按钮,设置其Caption属性为"矩阵的转置"。

（3）进入代码编辑窗口中，编写如下事件过程：

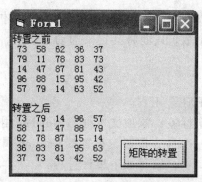

图 5-11 程序运行界面

```
Option Base 1
Private Sub Command1_Click()
    Dim a(5, 5) As Integer, b(5, 5) As Integer
    Cls
    Print "转置之前"
    For i=1 To 5                    '随机产生矩阵,保存在a中
      For j=1 To 5
        a(i, j)=Int(Rnd*90)+10
        Print a(i, j);
      Next j
      Print
    Next i

    Print
    Print "转置之后"
    For i=1 To 5                    '转置即对应位置元素行列下标调换
      For j=1 To 5
        b(i, j)=a(j, i)
        Print b(i, j);
      Next j
      Print
    Next i
End Sub
```

【例 5.8】应用一维动态数组统计学生成绩。首先输入学生的总人数和每个学生的成绩,如图如图 5-12(a)所示;然后计算所有学生成绩的平均值,如图 5-12(b)所示。

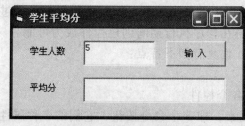
(a) "学生平均分" 运行界面

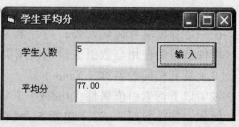
(b) 运行结果

图 5-12 程序运行界面

此例中，学生的总人数未知，直到用户输入总人数时才能确定，因此也无法事先预知存放成绩的数组元素个数，只能将其定义为动态数组，当用户输入总人数后，再重新定义数组大小。

程序设计步骤如下：

（1）新建一个"标准 EXE"工程。

（2）在窗体上添加两个标签；添加文本框 txtNumber 用于输入学生人数；添加文本框 txtAvg 显示平均分；一个命令按钮，设置其 Caption 属性为"输入"。

（3）进入代码编辑窗口中，编写如下事件过程：

```
Option Base 1
Private Sub Command1_Click()
    Dim Score() As Integer, n As Integer, i As Integer
    Dim total As Integer, average As Single
    n=Val(txtNumber.Text)                    '输入学生人数作为数组长度
    ReDim Score(n)                           '定义动态数组 Score
    For i=1 To n                             '输入学生成绩
        Score(i)=Val(InputBox("请输入第" & i & "个学生的成绩", "成绩统计"))
    Next i

    For i=1 To n
        total=total+Score(i)                 '计算总成绩
    Next i
    average=total/n
    txtAvg.Text=Format(average, "0.00")      '保留2位小数显示平均分
End Sub
```

（4）运行程序。当程序运行时，在文本框中输入学生人数 5 后，单击"确定"按钮，弹出如图 5-13（a）所示的输入"成绩统计"对话框，连续输入 5 个学生成绩 55、66、77、88、99 后，则会显示如图 5-13（b）所示的结果界面。

5.4 控 件 数 组

控件数组是由一组相同名称、相同类型的控件组成的。这些控件中的大多数属性相同，并接受同一事件。控件数组元素都有一个唯一的索引号 Index 属性（即控件数组的下标）与其对应。控件数组创建时至少有一个元素，元素数目可在系统资源和内存允许的范围内增加。

使用控件数组有两个好处，一个是控件数组中的每个控件可以共享数组的事件过程，在一定程度上可简化代码；另一个是使得在程序执行期间创建控件成为可能。

控件数组的使用与数组变量的使用类似，也具有如下特点：

（1）具有相同的名称（Name）。

（2）以下标索引值属性（Index）来识别各个控件。

例如，控件数组 cmdTry 包括 5 个数组元素，即 5 个命令按钮，它们的名称属性都是 cmdTry，Index 属性分别为 0、1、2、3、4。则其完整对象名是 cmdTry (0), …, cmdTry (4)。其中 cmdTry (0) 的"属性"对话框如图 5-13 所示。控件数组的每个元素

是一个单选按钮,无论单击哪个单选按钮,都会触发 cmdTry_Click ()事件。

```
Private Sub cmdTry_Click(Index As Integer)
...
End Sub
```

如果用户单击了 cmdTry (3)而触发了 cmdTry_Click ()事件,则事件的参数 Index 的取值被系统自动设置为 3。

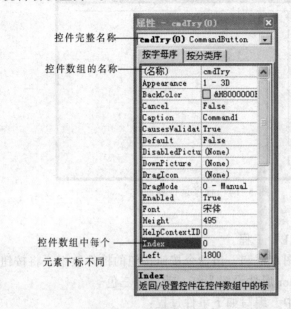

图 5-13 控件数组元素的"属性"对话框

5.4.1 创建控件数组

1. 程序设计阶段创建控件数组

在程序设计阶段创建控件数组有如下两种方法:

(1)添加控件后用"复制""粘贴"命令。

(2)将窗体上多个相同控件的 Name 属性设置为相同值,Index 属性设置为不同值,Index 属性取值可以不连续。

2. 程序运行阶段创建和删除控件数组元素

其语法格式如下:

```
Load 控件数组名 (下标)
Unload 控件数组名 (下标)
```

(1)Load(Unload)命令可以添加(删除)指定控件数组的元素,Index 属性值为控件数组元素的索引值。

(2)Load 只能添加已有控件数组的元素,不能创建控件数组。

(3)Unload 命令只能删除用 Load 添加的元素,不能删除设计时创建的控件数组元素。

5.4.2 控件数组的使用

【例 5.9】应用程序设计阶段静态的创建控件数组，实现使用控件数组改变绘图颜色。程序运行时，选择对应的颜色块，则可以调整画笔颜色，程序运行窗口如图 5-14 所示。

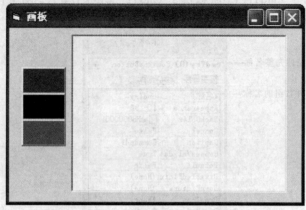

图 5-14　程序运行界面

程序设计步骤如下：
（1）新建一个"标准 EXE"工程。
（2）在窗体上添加一个图片框和一组命令按钮按钮的控件数组，将按钮 Style 属性设置为 Graphical，BackColor 属性设置为红、蓝、绿三色。
（3）进入代码编辑窗口中，编写如下事件过程：

```
Private Sub Form_Load()
   Picture1.BackColor = vbWhite        '设置画布颜色
   Picture1.ForeColor = vbRed          '设置画笔颜色
   Picture1.DrawWidth = 3              '设置画笔粗细
End Sub

Private Sub Command1_Click(Index As Integer)
   Picture1.ForeColor = Command1(Index).BackColor
End Sub

Private Sub Picture1_MouseMove(Button As Integer, Shift As Integer, X As Single, Y As Single)
    If Button = vbLeftButton Then       '如果是鼠标左键按下
       Picture1.PSet (X, Y)             '在鼠标所在位置画点
    End If
End Sub
```

【例 5.10】应用程序运行阶段动态的创建控件数组，统计学生成绩。程序运行首先输入宿舍学生的总人数（2～6）和每个学生的成绩，然后根据学生人数在窗体上动态添加文本框，在文本框中输入学生成绩并计算所有学生成绩的平均值。这需要创建控件数组，并动态添加数组元素。程序运行界面如图 5-15 所示。

第 5 章 数 组

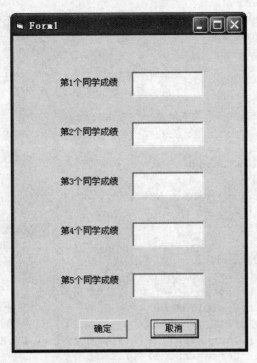

图 5-15 程序运行界面

程序设计步骤如下：
（1）新建一个"标准 EXE"工程。
（2）设置用户界面。在窗体上添加一个命令按钮、一个文本框和一组单选按钮的控件数组，具体属性设置如表 5-1 所示。

表 5-1 控件属性设置

对　　象	属　　性	属　性　值
cmdOK	Caption	"确定"
cmdExit	Caption	"取消"
lblAvg	Caption	""
lblScr(1)	Caption	"第 1 个同学成绩"
	Index	1
txtScr(1)	Text	""
	Index	1

（3）进入代码编辑窗口中，编写如下事件过程：

```
Option Explicit
Option Base 1
Private n As Integer

Private Sub cmdOK_Click()
    Dim total As Integer                        '用于保存总成绩
```

```
        Dim average As Single                      '用于保存平均成绩
        Dim i As Integer
        For i=1 To n
            total=total+Val(txtScr(i).Text)
        Next i
        average=total/n
        lblAvg.Caption="平均成绩为: " & average
    End Sub

    Private Sub Form_Load()
       Dim i As Integer
       n=Val(InputBox("请输入总人数", "", ""))
       For i=2 To n
          Load lblScr(i)                            '按照总人数添加剩余标签
          lblScr(i).Top=lblScr(i-1).Top+lblScr(i-1).Height+600
    '设置动态添加的标签的位置
          lblScr(i).Left=lblScr(i-1).Left
          lblScr(i).Caption="第" & i & "个同学成绩"
          lblScr(i).Visible=True                    '显示该标签
          Load txtScr(i)
          txtScr(i).Top=txtScr(i-1).Top+txtScr(i-1).Height+500
          txtScr(i).Left=txtScr(i-1).Left
          txtScr(i).Visible=True
       Next i
       cmdOK.Top=lblScr(n).Top+lblScr(n).Height+500 '设置"确定"按钮位置
       cmdCancle.Top=cmdOK.Top                      '设置"取消"按钮位置
       Height=cmdOK.Top+cmdOK.Height+500            '设置窗体高度
    End Sub
```

小 结

本章主要介绍了数组的基本概念和操作。数组用于对同类型的多个数据进行存储和处理。数组中的每个元素都带有下标,数组元素的个数称为数组的长度。

根据数组定义时下标个数的不同可分为一维数组、二维数组等。一维数组可以存储一个数据序列;二维数组可以存储一个表格、三维数组可以存储多个表格。根据数组定义时数组长度是否确定可分为静态数组和动态数组。在程序运行前就可以确定数组的长度,则使用静态数组,否则使用动态数组。

同类控件也可以创建控件数组,控件数组中的每个控件共享相同的名称和事件过程。

可以使用 Array() 函数对数组赋初值,使用 Ubound() 和 Lbound() 函数求得数组某一维下标的上下界。数组通常和循环结合使用,在对数组元素进行输入时,常常采用 For…Next 循环;对数组元素进行输出时,可以采用 For Each…Next 循环。

数组中涉及的常用算法有排序算法和查找算法,基本排序算法包括冒泡排序法和选择排序法。基本查找算法有顺序查找法。

思考与练习题

一、思考题

1. 一维、二维数组和三维数组主要有哪些应用？
2. 静态数组和动态数组的主要区别在哪里？什么时候需要使用动态数组？
3. 如何创建控件数组？使用控件数组有哪些优势？
4. 什么时候可以使用 For Each…Next 语句，使用该语句要满足哪些条件？

二、选择题

1. 默认情况下，下面声明的数组的元素个数是（　　）。

   ```
   Dim a(5,-2 to 2)
   ```

   A. 20　　　　　B. 24　　　　　C. 25　　　　　D. 30

2. 设有如下数组声明语句：

   ```
   Dim arr(-2 To 2, 0 To 3) As Integer
   ```

   该数组所包含的数组元素个数是（　　）。

   A. 20　　　　　B. 16　　　　　C. 15　　　　　D. 12

3. 设有如下程序段

   ```
   Dim a(10)
   …
   For Each x In a
   Print x;
   Next x
   ```

   在上面的程序段中，变量 x 必须是（　　）。

   A. 整型变量　　B. 变体型变量　　C. 动态数组　　D. 静态数组

4. 下面正确使用动态数组的是（　　）。

   A. Dim arr() As Integer
      …
      ReDim arr(3,5)
   B. Dim arr()
      …
      ReDim arr(50) As Integer
   C. Dim arr() As Integer
      …
      ReDim arr(50)As String
   D. Dim arr(50) As Integer
      …
      ReDim arr(20)

5. 设有如下程序：

   ```
   Private Sub Form_Click()
       Dim ary(1 To 5) As Integer
       Dim i As Integer
       Dim sum As Integer
       For i = 1 To 5
           ary(i) = i + 1
           sum = sum + ary(i)
       Next i
   ```

```
    Print sum
End Sub
```

程序运行后，单击窗体，则在窗体上显示的是（   ）。

  A. 15   B. 16   C. 20   D. 25

6. 请阅读程序：

```
Option Base 1
Private Sub Form_Click()
Dim Arr(4, 4) As Integer
For i = 1 To 4
  For j = 1 To 4
    Arr(i, j) = (i - 1) * 2 + j
  Next j
Next i

For i = 3 To 4
  For j = 3 To 4
    Print Arr(j, i);
  Next j
  Print
Next i
End Sub
```

程序运行后，单击窗体，则输出结果是（   ）。

  A. 5 7   B. 6 8   C. 7 9   D. 8 10
    6 8   7 9   8 10   8 11

7. 现有如下一段程序：

```
Option Base 1
Private Sub Command1_Click()
    Dim a
    a = Array(3, 5, 7, 9)
    x = 1
    For i = 4 To 1 Step -1
        s = s + a(i) * x
        x = x * 10
    Next
    Print s
End Sub
```

执行程序，单击 Command1 命令按钮，执行上述事件过程，输出结果是（   ）。

  A. 9753   B. 3579   C. 35   D. 79

8. 窗体上有一个名为 Command1 的命令按钮，并有如下程序：

```
Private Sub Command1_Click()
Dim a(10), x%
For k = 1 To 10
  a(k) = Int(Rnd * 90 + 10)
  x = x + a(k) Mod 2
```

```
        Next k
        Print x
End Sub
```

程序运行后，单击命令按钮，输出结果是（　　）。

  A. 10个数中奇数的个数　　　　　　B. 10个数中偶数的个数

  C. 10个数中奇数的累加和　　　　　　D. 10个数中偶数的累加和

三、填空题

1. 若动态数组 a 有两个元素 a(0)和 a(1)，现要令该数组有 3 个元素：a(0)，a(1) 和 a(2)，则应当使用_____语句。

2. 以下程序的功能是，先将随机产生的 10 个不同的整数放入数组 a 中，再将这 10 个数按升序方式输出，请填空。

```
Private Sub Form_Click()
Dim a(10) As Integer, i As Integer
Randomize
i = 0
Do
   num = Int(Rnd * 90) + 10
   For j = 1 To i        '检查新产生的随机数是否与以前的相同，相同的无效
      If num = a(j) Then
         Exit For
      End If
   Next j
   If j > i Then
      i = i + 1
      a(i) = _____
   End If
Loop While i < 10
For i = 1 To 9
   For j = _____ To 10
      If a(i) > a(j) Then temp = a(i): a(i) = a(j): _____
   Next j
Next i
For i = 1 To 10
   Print a(i)
Next i
End Sub
```

四、编程题

1. 把两个按升序（即从小到大）排列的数列 a(1), a(2), …, a(n) 和 b(1), b(2), …, b(m)合并成一个仍为升序排列的新数列，在新的数组中保存，并在文本框中显示。例如，原有 a 数组含有元素 1，3，5，7，9；b 数组含有元素 2，4，6，8；合并后保存在 c 数组内，则 c 数组元素为 1，2，3，4，5，6，7，8，9。

2. 编写程序，建立并输出一个 9×9 的矩阵，该矩阵两对角线上的元素为 1，其余元素均为 0。

3. 利用控件数组创建计算器程序，要求能够实现简单的加、减、乘、除运算，

设计界面如图5-16所示。要求当程序运行时,输入第一个运算数,然后单击运算符,如"+"按钮,则清屏,当用户输入第二个运算数再单击"="按钮后,则给出运算结果;"AC"按钮用于清屏,"OFF"按钮用于退出程序。

图5-16 程序运行界面

第 6 章

过　程

过程是用来完成某些特定功能的程序段，若一个程序中有多处需要完成同一个功能，则可将此代码段做成一个过程，在需要时，可调用该过程完成相应的操作。过程包括 Sub 过程和 Function 过程，两者的主要区别在于 Function 过程可以返回一个结果值。

通用过程的使用可大大减少重复代码，使程序结构清晰，有利于程序的重用。

> **本章要点**
> - Function 过程的定义和调用。
> - Sub 过程的定义和调用。
> - Function 过程与 Sub 过程的区别。
> - 过程的参数及其传递方式。

6.1 概　述

以下这个例子可以更好的帮助理解过程的作用。

【例 6.1】求组合值。程序运行时，在文本框 txtM 与 txtN 中输入 m 和 n 的值，单击 "="，在 txtResult 中给出结果，如图 6-1 所示。组合公式如下：

$$C_n^m = \frac{n!}{m!(n-m)!}$$

图 6-1　程序界面

程序代码如下：

```
Private Sub command1_Click()
    Dim m As Integer, n As Integer
```

```
    Dim fm As Long, fn As Long, fnm As Long
    Dim i As Integer

    m = Val(txtM.Text)
    n = Val(txtN.Text)

    fm = 1                      '保存m!
    For i = 1 To m
      fm = fm * i
    Next i

    fn = 1                      '保存n!
    For i = 1 To n
      fn = fn * i
    Next i

    fnm = 1                     '保存(n-m)!
    For i = 1 To n - m
      fnm = fnm * i
    Next i
    txtResult.Text = fn / (fm * fnm)
End Sub
```

本例中,求阶乘的循环结构是一个完整的功能,被反复使用 3 次。这种情况下,可以将这个功能的程序段抽取出来起一个名字,作为一个"过程"。用到这项功能时,就使用这个程序段,称为"过程的调用"。

定义过程的意义在于:

(1)在程序设计中,经常会有重复使用的功能。将这一功能定义为一个过程,在使用时进行过程调用,可以节省大量的重复性工作。

(2)将一个大程序分割成多个过程实现,将复杂问题分为若干子问题,也被称为"模块化",每个过程就是一个模块。

在 Visual Basic 中,过程分为 Sub 过程和 Function 过程。前者又称子过程,后者又称函数过程。

6.2 Function 过程

6.2.1 Function 过程的定义

定义 Function 过程的语法格式如下:

```
Private|Public Function 过程名(形式参数列表) As 返回值类型
    ...
    过程名 = 返回值
End Function
```

(1)形式参数列表。"形式参数"简称"形参",根据需要,Function 过程可以带有形参或者省略。形式参数相当于在过程内部定义的变量,形式参数用来接收传递给 Function 过程的数据，形式参数列表的格式如下：

> 形式参数名1 As 类型，形式参数名2 As 类型，…

（2）返回值。Function 过程通常取得一个计算或处理的结果值，要返回给调用该过程的语句，被称为"返回值"。

下面的代码定义一个名为 f() 的 Function 过程，该过程求得任意整型数据的阶乘：

```
Private Function f(x As Integer) As Long
    Dim i As Integer
    Dim result As Long
    result = 1
    For i = 1 To x
      result = result * i
    Next i
    f = result
End Function
```

这里 x 是形式参数，用于接受传递过来的数据；i 与 result 是过程内部变量，只在过程内部使用。

6.2.2 Function 过程的调用

1．语法格式

使用 Function 过程被称为"调用"，则哪个过程调用了 Function 过程，就被称为"主调过程"，该 Function 过程被称为"被调过程"。

Function 过程有返回值，调用后代表一个值，Function 过程需要将返回值传送回到"主调过程"，其常用的调用格式为

> 过程名（实际参数列表）

（1）实际参数列表：实际参数类型和数量默认情况下与定义 Fuction 过程时的形式参数一致，对应位置的实际参数的数据会被传递给形式参数。

（2）实际参数可以是过程的调用。

（3）过程体内部可以使用 Exit Fuction 语句提前结束过程。

2．直接调用

直接调用时，过程与常量使用方式相同。

例如，f() 为求阶乘的 Function 过程，以下为 f() 过程的直接调用：

```
Text1.Text = f(3)              '求 3！
Text1.Text = f(a)+f(b)         '求 a!+b!
Text1.Text = f(f(3))           '求(3!)!，即 6!，这是实际参数是过程调用的情况
```

【例 6.2】应用 Function 过程求组合值。窗体上文本框 txtM、txtN 用于输入 m 与 n 的值，txtResult 用于显示结果，程序运行界面如图 6-1 所示。

代码如下：

```
Private Sub command1_Click()
    Dim m As Integer, n As Integer
```

```vb
        m = Val(txtM.Text)
        n = Val(txtN.Text)
        txtResult.Text = f(n) / (f(m) * f(n - m))
    End Sub
    Private Function f(x As Integer) As Long
        Dim i As Integer
        Dim result As Long
        result = 1
        For i = 1 To x
            result = result * i
        Next i
        f = result
    End Function
```

由此可以看出，程序在定义过程 f 后，重用了这一代码段，使程序更清晰更易维护。

【例 6.3】应用 Function 过程求 3 个整数的最大公约数。

在求两个数 x 和 y 的最大公约数时，使用"辗转相除法"求解，如图 6-2 所示，方法如下：

（1）先对两数 x 和 y 求余数 r，只要 r 不为 0，则进行如下步骤（2）。

（2）对 y 和 r 求新的余数。

（3）如果余数为 0，则 y 的值就是最大公约数。

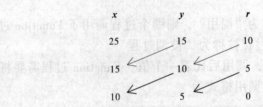

图 6-2　辗转相除法

求 3 个数的最大公约数，需要先对两个数求出最大公约数，然后再求第三个数和前两个数的最大公约数的最大公约数。所以求最大公约数的操作要进行两次，在这种情况下，就可将求解最大公约数的操作定义为一个 Function 过程。

程序设计步骤如下：

（1）新建"标准 EXE"工程。

（2）建立程序用户界面。在窗体上添加 1 个命令按钮；3 个文本框；3 个标签控件，如图 6-3 所示。

（3）进入代码窗口中，编写如下 Function 过程：

```vb
    Private Sub Command1_Click()
        Dim a As Integer, b As Integer, c As Integer
        a = Val(Text1.Text)
        b = Val(Text2.Text)
        c = Val(Text3.Text)
        Label3.Caption = "3 个数的最大公约数是:" & GCD(GCD(a, b), c)
    End Sub
```

```
Private Function GCD(x As Integer, y As Integer) As Integer
Dim r As Integer
Do
    r = x Mod y
    x = y
    y = r
Loop While r <> 0
GCD = x                    '最后一次 y 的值已经赋值给 x,这里返回 x 的值
End Function
```

（4）运行程序。运行程序，在3个文本框中分别输入12、15、18，求解结果为3。

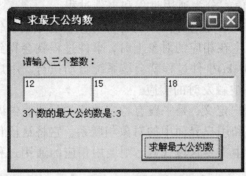

图 6-3　程序界面

3．嵌套调用

"嵌套调用"就是在 Function 过程实现时调用另一个 Function 过程。

例如，下面的程序中，sumf()过程可以求得任意两个整数 x 与 y 的阶乘之和。在 sumf()过程的定义中，就调用了 f()过程求 x!与 y!。

```
Private Sub Command1_Click()
   Me.Print sumf(2, 3)
End Sub

Private Function sumf(x As Integer, y As Integer) As Long
   Dim fx As Long, fy As Long
   fx = f(x)               'sumf()过程嵌套调用 f()过程
   fy = f(y)
   sumf = fx + fy
End Function
```

4．递归调用

"递归调用"是特殊的嵌套调用，就是一个过程嵌套调用自身。递归调用通常可以采用循环来实现。

例如，以下代码也是实现求解整数 x 的阶乘 $x!$，这种方法是 f()过程内部调用了自身。

```
Private Function f(x As Integer) As Long
    Dim i As Integer
```

```
        If x < 1 Then                    '当 x<1 时，直接退出
            Exit Function
        ElseIf x = 1 Then
            f = 1                         '当 x=1 时，x!=1
        Else
            f = f(x - 1) * x              '当 x>1 时，x!=x*(x-1)!
        End If
    End Function
```

6.3 Sub 过 程

Sub 过程没有返回值，分为通用过程和事件过程。

事件过程由系统定义，是与界面中的各种对象相联系的。例如，文本框、命令按钮等，当一定的事件发生在相应的对象上时，事件过程就会得到执行。如对于命令按钮，如果被单击，其 Click()事件过程就会被系统自动执行。用户可以在这个事件过程中编写代码，作为事件被触发时的响应。

通用 Sub 过程由用户定义，是一段有特定功能的代码，告诉应用程序如何完成一个指定的任务，不一定和用户界面中的对象相联系。它将这段代码封装起来，形成一个功能模块，若在程序中需要这段代码，则调用相应的通用过程即可，这样可以实现代码的重用。

Sub 过程在使用前必须先进行定义，使用 Sub 过程代码又被称为过程调用。

6.3.1 事件过程

事件过程是系统预先定义的，当事件发生，事件过程的代码得到执行。例如，下面的代码在单击 Command1 控件时输出 10 个随机数：

```
Private Sub Command1_Click()
    Dim i As Integer
    For i=1 To 10
        Print Rnd
    Next i
End Sub
```

事件过程除了由系统调用，也可以用户使用 Call 语句调用，Call 语句格式如下：

Call 事件过程名

例如，下面代码通过调用 Command1_Click()事件过程，在单击 Command2 时也输出 10 个随机数。

```
Private Sub Command2_Click()
    Call Command1_Click
End Sub
```

6.3.2 Sub 过程的定义

定义 Sub 过程的语法格式如下：

```
Private|Public Sub 过程名(形式参数)
   ...
End Sub
```

在过程内部,可以使用 Exit Sub 提前退出 Sub 过程。

例如,以下的 Sub 过程可以计算两个数据的除法结果并显示在文本框中。

```
Private Sub div(x As Integer,y As Integer)
   If y=0 Then
      Exit Sub              '如果除数为 0 则退出 Sub 过程
   Else
      Text1.Text=x/y        'Sub 过程无返回值,可以在过程内部直接输出结果
   End If
End Sub
```

6.3.3 Sub 过程的调用

建立 Sub 过程后,可供其他过程来使用,称为 Sub 过程的调用。调用 Sub 过程有两种方法,语法格式如下:

(1)使用 Call 语句:

```
Call 过程名(实际参数)
```

(2)直接使用过程名:

```
过程名 实际参数
```

实际参数简称实参,可以是常量、变量、表达式或者属性值。实际参数类型和数量应与定义 Sub 过程时的形式参数一致,对应位置的实际参数的数据会被传递给形式参数。

例如:

```
Call div(1,2)
Call div(a,b)
div a,b
```

【例 6.4】应用 Sub 过程求若干个整型数据的阶乘。程序运行界面如图 6-4 所示。

程序设计步骤如下:

(1)新建"标准 EXE"工程。

(2)建立程序用户界面,在窗体上添加 3 个命令按钮和 1 个文本框。

(3)进入代码编辑窗口中,编写如下过程:

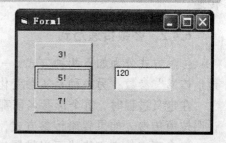

图 6-4 程序运行界面

```
Private Sub fact(x As Integer)
   Dim i As Integer, f As Long
   f=1
   For i=1 To x
      f=f*i
   Next i
   Text1.Text=f
```

```
    End Sub

    Private Sub Command1_Click()
      Call fact(3)              '求 3 的阶乘
    End Sub

    Private Sub Command2_Click()
      Call fact(5)              '求 5 的阶乘
    End Sub

    Private Sub Command3_Click()
      Call fact(7)              '求 7 的阶乘
    End Sub
```

6.4 参数传递

不同过程之间传递数据有两种方式：
（1）通过过程调用，数据在实参与形参之间传递；
（2）使用全局变量，共享各过程中的数据。
其中，方式（2）更能有效保护数据，所以成为数据传递的首选方式。

6.4.1 形参与实参

形式参数，简称"形参"，是在定义 Sub 或 Function 过程时，在"参数列表"中出现的变量名；实际参数，简称"实参"，则是在调用 Sub 或 Function 过程时传送给 Sub 或 Function 过程的常数、变量、表达式。

形式参数相当于过程内部的变量，形式参数列表就是在定义这些变量。当这个过程被调用，形式参数被定义，并且获得实际参数传递过来的数据

在调用过程时，必须把实际参数传递给形式参数，完成形式参数和实际参数的传递。

6.4.2 参数传递方式

传参方式分为如下两种方式：一种是实参变化可以影响形参的双向关系，即"按地址传递"参数；另一种是实参变化不影响形参的单向关系，即"按值传递"参数。

在定义过程时，每个形参名前都可以加 ByRef 表示按地址传参，加 ByVal 关键字说明按值传参。如果省略传参方式，则表示是 ByRef 按地址传参。

形参列表的定义格式可以扩展为

```
ByRef|ByVal 形参 1 As 类型, ByRef|ByVal 形参 2 As 类型, …
```

例如：

```
Private Sub div(ByVal x As Integer, ByVal y As Integer)
  …
End Sub
```

1. 按地址传递参数

在默认情况下,参数的传参方式是按地址传递。

例如,要定义一个 Sub 过程 swap() 用以交换两个整数的值。

```
Private Sub swap(ByRef x As Integer, ByRef y As Integer)
    Dim t As Integer
    t=x :  x=y :  y=t
End Sub
```

在其他过程中可以调用 swap() 交换两个变量 a 和 b 的值。调用语句如下:

```
Call swap(a,b)
```

此时,由于形参 x 和 y 按地址传递,实参 a 与形参 x 相当于同一个变量,实参 b 与形参 y 也相当于同一个变量。所以当 x 和 y 值交换后,a 和 b 的值会发生交换,如图 6-5(a)所示。

2. 按值传递参数

如果定义一个形参按值传递的 Sub 过程 swap():

```
Private Sub swap(ByVal x As Integer, ByVal y As Integer)
    Dim t As Integer
    t=x :  x=y :  y=t
End Sub
```

在其他过程中可以调用 swap() 的语句如下:

```
Call swap(a,b)
```

但由于实参 a 与形参 x 不是相同的变量,x 发生变化而 a 的值不会改变,同理 b 和 y 的关系也一样,如图 6-5(b)所示。

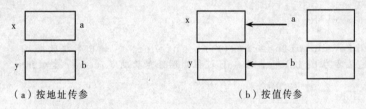

(a)按地址传参　　　　　　　　　　(b)按值传参

图 6-5　按地址传参和值传参

【例 6.5】应用 Sub 过程求若干个整型数据的阶乘值。程序运行界面如图 6-4 所示。

程序中增加了一个按地址传递的形参 xf,xf 的作用不在于从实参 c 那里接收数据,而是通过地址传递,将计算结果的变化反映到实参 c 中。程序代码如下:

```
Private Sub fact(ByVal x As Integer, ByRef xf As Long)
  Dim i As Integer
  xf=1
  For i=1 To x
    xf = xf * i
  Next i
End Sub

Private Sub Command1_Click()
```

```
    Dim a As Long
    Call fact(3,a)              '求 3 的阶乘
    Text1.Text=a
End Sub

Private Sub Command2_Click()
    Dim b As Long
    Call fact(5,b)              '求 5 的阶乘
    Text1.Text=b
End Sub

Private Sub Command3_Click()
    Dim c As Long
    Call fact(7,c)              '求 7 的阶乘
    Text1.Text=c
End Sub
```

6.4.3 数组做参数

Visual Basic 允许把数组作为过程的参数，数组参数是按地址传递的。

（1）定义过程时，应将数组名写入形参列表中，并略去数组的上、下界，但括号不能省略。数组作为过程形式参数的语法格式如下：

```
数组名 1() As 数据类型, 数组名 2() As 数据类型...
```

例如：

```
Private Function sum(x() As Integer) As Integer
    '定义名为 sum 的 Fuction 过程处理任意长度整形数组
    ...
End Function

Private Sub printArr(x() As Integer)    '输出数组数据
    '定义名为 printArr 的 Sub 过程处理任意长度 Integer 型数组
    ...
End Sub
```

（2）调用过程时，实际参数是数组名，可以省略括号。

例如：

```
Dim a(1 To 5) As Integer
s = sum(a)                  '调用名为 sum 的 Fuction 过程处理 a 数组
printArr a                  '调用名为 printArr 的 Sub 过程处理 a 数组
Call printArr (a)           '调用名为 printArr 的 Sub 过程处理 a 数组
```

（3）由于数组作参数传递的是地址，所以实参数组的其他信息不会被传递过去。在被调用过程中可以用 LBound 和 UBound 求得实参数组的下标界限，或使用 For Each...Next 结构完成循环。

（4）实参和形参是按地址传递的，即形参数组和实参数组共用一段内存。

例如，对于上例的 sum()过程调用，调用时形参数组 x 和实参数组 a 共用一段内

存，如图6-6所示。因此在sum()过程中改变数组x的各元素值，也就相当于改变了实参数组a中对应元素的值，当调用结束时，形参数组x从内存中消失。

【例6.6】 应用数组作为参数定义Fuction过程，求一维数组中的所有负元素之和。

程序设计步骤如下：

（1）新建一个"标准EXE"工程。

（2）建立程序用户界面。在窗体上添加一个命令按钮，修改其Caption属性为"求负元素之和"。

图6-6 参数为数组时内存单元示意图

（3）进入代码窗编辑口中，编写如下过程代码：

```
Private Function sum(x() As Integer) As Integer
    Dim i As Integer
    For i = LBound(x) To UBound(x)    '利用LBound和UBound函数求得数组上下界
        If x(i) < 0 Then sum = sum + x(i) '对数组负元素求和
    Next i
End Function

Private Sub Form_Click()
    Dim a(1 To 10) As Integer, s As Integer, i As Integer
    For i = 1 To 10                   '对数组负元素赋值并输出
        a(i) = Val(InputBox("输入第" & i & "个数据"))
        Print a(i)
    Next i
    Print
    s = sum(a)                        '调用sum函数求a数组负元素之和
    Print "数组中的负元素之和为: "; s
End Sub
```

【例6.7】 应用数组作为参数定义Sub过程，完成数组逆序。

程序运行，单击窗体，弹出6个图6-7（a）所示的输入框，将输入的数据保存在数组中。用户输入数据后，将原有数据输出，并调用过程对数组逆序后，输出逆序后的数据，如图6-7（b）所示。

（a）输入框

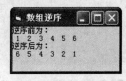
（b）输出结果

图6-7 程序运行界面

程序设计步骤如下：

（1）新建一个"标准EXE"工程。

（2）建立程序用户界面。

（3）进入代码窗口中，编写如下事件过程。

```
Private Sub Form_Click()
    Dim a(1 To 6) As Integer
    Dim i As Integer
    
    For i = 1 To 6                                  '输入数据
        a(i) = Val(InputBox("请输入第" & i & "个值"))
    Next i
    
    Print "逆序前为: "                               '输出逆序前数组数据
    Call printArr(a())
    Print
    
    Call swap(a())                                  '调用 swap()使数组 a 逆序
    
    Print "逆序后为: "                               '输出逆序后数组数据
    Call printArr(a())
End Sub

Private Sub printArr(x() As Integer)                '输出数组数据
    Dim elem As Variant
    For Each elem In x
        Print elem;
    Next elem
End Sub

Private Sub swap(x() As Integer)                    '使数组逆序存放
    Dim i As Integer
    Dim n As Integer
    Dim temp As Integer
    n = (UBound(x) - LBound(x)) + 1
    For i = 1 To n \ 2
        temp = x(i)
        x(i) = x(n - i + 1)
        x(n - i + 1) = temp
    Next i

End Sub
```

6.4.4 对象做参数

在 Visual Basic 中，还可以向过程传递对象，包括窗体和控件。对象作为参数与其他数据类型作为参数的过程没有什么区别。其语法格式为

对象名1 **As Control|Form**，对象名2 **As Control|Form**…

"形参表"中形参的类型通常为 Control（控件对象）或 Form（窗体对象）。对象

参数只能按地址传递,因此在定义过程时,不能在其参数前加关键字 ByVal。

【例 6.8】在第一个窗体中单击不同按钮都可打开第二个窗体,但第二个窗体的图形控件显示不同的图形和填充方式。图 6-8(a)是运行时的窗体 FrmFirst,图 6-8(b)是当单击"椭圆"按钮时窗体 FrmSecond 的显示情况,图 6-8(c)所示是当单击"矩形"按钮时的窗体 FrmSecond 的显示情况。

FrmSecond 的图形控件的图形和填充方式是通过参数传递的。创建一个名为 changeShape 的过程,它有两个参数,分别用来传递窗体参数和控件参数。

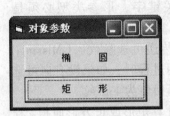 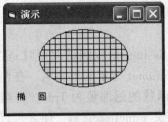 

(a)FrmFirst 窗体　　　(b)单击"椭圆"时的 FrmSecond　　　(c)单击"矩形"时的 FrmSecond

图 6-8　程序运行界面

程序设计步骤如下:
(1)新建一个"标准 EXE"工程。
(2)建立程序用户界面。新建两个窗体,名为 FrmFirst 和 FrmSecond。在 FrmFirst 上添加标题为"椭圆"的命令按钮 cmdT 与标题为"矩形"的命令按钮 cmdJ,在 FrmSecond 上添加一个 Shape 控件和一个 Label 控件。
(3)进入 FrmFirst 代码编辑窗口中,编写如下过程:

```
Private Sub changeShape(frm As Form, ctrl As Control)
    frmSecond.Show
    If ctrl=cmdT Then        '根据ctrl参数值的不同进行判断
        frm.Shape1.Shape=2
        frm.Shape1.FillStyle=6
        frm.Label1.Caption="椭圆"
    ElseIf ctrl=cmdJ Then
        frm.Shape1.Shape=0
        frm.Shape1.FillStyle=4
        frm.Label1.Caption="矩形"
    End If
End Sub
Private Sub cmdT_Click()
    changeShape frmSecond, cmdT
    '调用changeShape过程,在frmSecond中显示椭圆
End Sub
Private Sub cmdJ_Click()
    changeShape frmSecond, cmdJ
    '调用changeShape过程,在frmSecond中显示矩形
End Sub
```

6.5 可选参数和可变参数

通常情况下，形参和实参必须个数一致，但如果在定义形参时，说明该参数是可以缺省的，即可选参数，则调用过程时，可以省略对应的实参。还有一种情况，可变参数允许在调用过程时根据需要改变实参的数量。

1. 可选参数

在 Visual Basic 中，可以指定一个或多个参数作为可选参数。为了定义带可选参数的过程，必须在参数表中形参名前使用 Optional 关键字，形参类型必须是 Variant。

在过程体中可以通过 IsMissing() 函数测试调用时是否传递可选参数。IsMissing() 函数有一个参数，它就是由 Optional 指定的形参名。在调用过程时，如果没有向可选参数传递实参，则 IsMissing() 函数的返回值为 True，否则返回值为 False。

【例 6.9】应用可选参数定义 Function 过程，使之可以计算矩形或正方形面积。程序运行界面如图 6-9 所示。如果用户输入两个边长，就求矩形面积，如图 6-9（a）所示；如果用户输入一个边长，就求正方形面积，如图 6-9（b）所示。

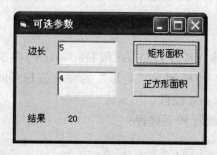
（a）求矩形面积

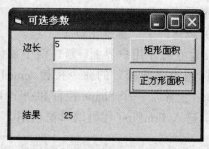
（b）求正方形面积

图 6-9　程序运行界面

程序设计步骤如下：
（1）新建"标准 EXE"工程。
（2）建立程序用户界面，在窗体上添加 2 个命令按钮、2 个标签和 2 个文本框。
（3）进入代码编辑窗口中，编写如下事件过程：

```
Private Function area(x As Single,Optional y) As Single
    Dim result As Single
    If IsMissing(y)=True Then    '如果只给定一个边长，则求正方形面积
        result=x*x
    Else
        result=x*y
    End If
    area=result
End Function

Private Sub Command1_Click()     '求矩形面积
    Dim a As Single, b As Single
```

```
        a=Val(Text1.Text)
        b=Val(Text2.Text)
        Label2.Caption=area(a,b)
    End Sub

    Private Sub Command2_Click()            '求正方形面积
        Dim a As Single
        a=Val(Text1.Text)
        Label2.Caption=area(a)
    End Sub
```

2. 可变参数

可变参数过程通过在最后一个参数前使用 ParamArray 命令来定义。其参数的语法格式为

```
Sub 过程名(..., ParamArray 数组名())
```

这里的数组名是一个形参，只有名字和括号，没有上、下界。由于省略了变量类型，数组的类型默认为 Variant。由于可变参数过程中的参数是 Variant 类型，因此可以把任何类型的实参传递给过程。

例如，可定义可变参数的 compute()过程来计算任意个整数的积。

```
Private Function compute(ParamArray num()) As Long
    Dim result As Long
    Dim x                                   'x 是变体类型变量
    result=1
    For Each x In num
        result=result*x
    Next
    compute=result
End Function
```

调用 compute()过程时，可以传递任意数量实参，进行求积运算，代码如下：

```
Private Sub Form_Click()
    Print compute(1,2,3,4)
    Print compute(5,6,7,8,9,10)
End Sub
```

小 结

本章主要介绍了过程的相关概念，过程可以包含参数和返回值。按照过程是否具有返回值，分为 Sub 过程和 Function 过程。事件过程是 Sub 过程的一种。在调用一个过程时可能需要传递参数，参数可以分为按值传递和按地址传递两种方式。按值传递时，参数传递方向是单向的；按地址传递时，参数传递方向是双向的。

此外，可以采用数组作为过程的参数，使过程可以处理批量数据。也可以采用窗体、控件等对象作为过程参数，使过程可以对不同的对象进行操作。当实参个数不确定时，可以采用定义可选或可变的形参来完成。

思考与练习题

一、思考题

1. Sub 过程中的通用过程和事件过程的区别是什么？
2. Fuction 过程和 Sub 过程的区别是什么？
3. 参数传递中按值传递和按地址传递的区别是什么？
4. 形参和实参的含义是什么？有什么区别？

二、选择题

1. 下列描述中正确的是（　　）。
   - A. Visual Basic 只能通过过程调用执行通用过程
   - B. 可以在 Sub 过程的代码中包含另一个 Sub 过程的代码
   - C. 可以像通用过程一样指定事件过程的名字
   - D. Sub 过程和 Function 过程都有返回值

2. 设有以下函数过程

```
Private Function Fun(a() As Integer, b As String)As Integer
    …
End Function
```

若已有变量声明：

```
Dim x(5)As Integer,n As Integer,ch As String
```

则下面正确的过程调用语句是（　　）。
   - A. x(0)=Fun(x,"ch")
   - B. n=Fun(n,ch)
   - C. Call Fun x,"ch"
   - D. n=Fun(x(5),ch)

3. 设程序中有如下数组定义和过程调用语句：

```
Dim a(10) As Integer
……
Call p(a)
```

如下过程定义中，正确的是（　　）。
   - A. Private Sub p(a As Integer)
   - B. Private Sub p(a( ) As Integer)
   - C. Private Sub p(a(10) As Integer)
   - D. Private Sub p(a(n) As Integer)

4. 窗体上有一个名为 Command1 的命令按钮，并有如下程序：

```
Private Sub Command1_Click()
    Dim a As Integer, b As Integer
    a = 8
    b = 12
    Print Fun(a, b); a; b
End Sub
Private Function Fun(ByVal a As Integer, b As Integer) As Integer
    a = a Mod 5
    b = b \ 5
```

```
        Fun = a
    End Function
```

程序运行时，单击命令按钮，则输出结果是（　　）。

  A. 3 3 2   B. 3 8 2   C. 8 8 12   D. 3 8 12

5. 设有一个命令按钮 Command1 的事件过程以及一个函数过程，程序如下：

```
Option Base 1
Private Sub Command1_Click()
    Static x As Integer
    x = f(x + 5)
    Cls
    Print x
End Sub
Private Function f(x As Integer) As Integer
    f = x + x
End Function
```

连续单击命令按钮 3 次，第 3 次单击命令按钮后，窗体上显示的计算结果是（　　）。

  A. 10   B. 30   C. 60   D. 70

6. 请阅读程序：

```
    Sub subP(b() As Integer)
    For i = 1 To 4
        b(i) = 2 * i
    Next i
End Sub

Private Sub Command1_Click()
    Dim a(1 To 4) As Integer
    a(1) = 5: a(2) = 6: a(3) = 7: a(4) = 8
    subP a()
    For i = 1 To 4
        Print a(i)
    Next i
End Sub
```

运行上面的程序，单击命令按钮，则输出结果是（　　）。

A. 2	B. 5	C. 10	D. 出错
4	6	12	
6	7	14	
8	8	16	

7. 一下面函数的功能应该是：删除字符串 str 中所有与变量 ch 相同的字符，并返回删除后的结果。例如：若 str= "ABCDABCD"，ch= "B"，则函数的返回值为 "ACDACD"

```
    Function delchar(str As String, ch As String) As String
    Dim k As Integer, temp As String, ret As String
    ret = ""
```

```
        For k = 1 To Len(str)
            temp = Mid(str, k, 1)
            If temp = ch Then
                ret = ret & temp
            End If
        Next k
        delchar = ret
    End Function
```

但实际上函数有错误,需要修改。下面的修改方案中正确的是(　　)。

    A. 把 ret=ret & temp 改为 ret=temp

    B. 把 If temp=ch Then 改为 If temp < > ch Then

    C. 把 delchar=ret 改为 delchar=temp

    D. 把 ret ="" 改为 temp=""

三、填空题

1. 在窗体上有 1 个名称为 Command1 的命令按钮,并有如下事件过程和函数过程:

```
    Private Sub Command1_Click()
        Dim p As Integer
        p = m(1) + m(2) + m(3)
        Print p
    End Sub
    Private Function m(n As Integer) As Integer
        Static s As Integer
        For k = 1 To n
            s = s + 1
        Next
        m = s
    End Function
```

运行程序,单击命令按钮 Command1 后的输出结果为_____。

2. 在窗体上画一个命令按钮和一个标签,其名称分别为 Command1 和 Label1,然后编写如下代码:

```
    Sub S(x As Integer, y As Integer)
        Static z As Integer
        y = x * x + z
        z = y
    End Sub
    Private Sub Command1_Click()
        Dim i As Integer, z As Integer
        m = 0
        z = 0
        For i = 1 To 3
            S( i, z)
            m = m + z
        Next i
        Label1.Caption = Str(m)
    End Sub
```

程序运行后,单击命令按钮,在标签中显示的内容是_____。

四、编程题

1. 编制判断奇偶数的函数过程。设计界面,调用这个过程,当输入一个整数,判断其奇偶性并显示结果。

2. 新建工程,在窗体上添加两个命令按钮,设置标题分别为"100~200"和"200~400";添加一个文本框和一个标签,如图 6-10 所示。程序运行后,如果单击一个按钮,则计算出该按钮标题所指明的所有素数之和,并在文本框中显示出来。要求分别定义 Function 过程和 Sub 过程求解一个数是否为素数。

3. 新建工程,设计界面如图 6-11 所示。分别定义 Funtion 过程和 Sub 过程,可以求解两个整数的最大公约数。例如当程序运行,在文本框中输入 15 和 12,单击命令按钮,将其最大公约数 3 显示出来。

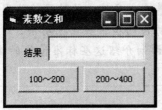

图 6-10　程序运行界面

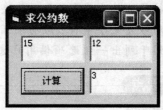

图 6-11　程序运行界面

4. 新建工程,定义 Function 过程,求整型数组所有元素的和。在窗体上添加一个文本框 Text1 和一个命令按钮,当程序运行,单击该命令按钮,在弹出的输入对话框里输入 10 个整数保存在数组中。并通过调用 Function 过程,计算数组元素的和,显示在文本框中。

第 7 章

标准控件

Windows 环境下的应用程序注重用户界面的美观和实用性。Visual Basic 提供了很多标准控件资源,每种控件功能不同,它们都有自己的属性、方法和事件。框架控件用于对控件分组;单选按钮、复选框控件用于单选或多选;计时器控件用于每隔一段事件自动触发某个事件;滚动条可以为没有滚动条的控件提供滚动条;列表框和组合框控件用于列出一组选项供用户选择。本章将详细介绍这些标准控件的使用。

> **本章要点**
> - 框架控件。
> - 复选、单选按钮。
> - 计时器。
> - 滚动条。
> - 列表框、组合框。

7.1 概 述

绝大多数应用程序界面都包含文本框、按钮、标签等组成元素,对于编程人员来说,这些组成部分都是具有属性、方法和事件的对象,在 Visual Basic 中把它们统称为"控件"。这些控件的属性、事件一般都是系统事先预定义好的,例如,命令按钮控件,当用户单击它之后就会触发该控件的 Click 事件。如果编程人员预先在该事件中编写了程序需要完成的某些功能,则事件发生时,就可实现这些功能。

Visual Basic 6.0 的标准工具箱提供很多常用控件,如图 7-1 所示。

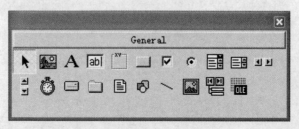

图 7-1 Visual Basic 6.0 的标准工具箱

Visual Basic 的控件主要有 3 种：内部控件、ActiveX 控件和可插入对象。

（1）内部控件是 Visual Basic 本身提供的控件，总是显示在工具箱中，而且不能从工具箱中删除。

（2）ActiveX 控件是工具箱的扩展部分，所以这种控件在使用前必须添加到工具箱中。在工具箱空白处右击，在弹出的对话框中可以进行选择相应的"部件"选项。

（3）可插入对象是由其他程序创建的对象，添加方式跟 ActiveX 控件类似。

本章介绍内部控件，每种控件是一个类，如表 7-1 所示。

表 7-1 Visual Basic 6.0 的内部控件

图标	类名	控件名	功能介绍
	Pointer	指针	选择或移动对象
	Label	标签	显示文本
	TextBox	文本框	可输入文本
	CommandButton	命令按钮	单击完成命令或操作
	Frame	框架	容器控件，上面可添加其他控件
	CheckBox	复选框	提供一组选项，用户可同时选择多项
	OptionButton	单选按钮	提供一组选项，用户只能选择一项
	ListBox	列表框	显示列表项目，用户可单选或多选
	ComboBox	组合框	文本框和列表框的组合，可输入选项，也可从下拉列表框中选择
	HScrollBar VScrollBar	水平滚动条 垂直滚动条	为不提供滚动条的控件添加滚动条
	Timer	计时器	按指定时间间隔自动触发事件
	PictureBox	图片框	显示图片、图形、文本或作为容器使用
	Image	图像框	显示图片
	Shape	形状控件	显示不同形状，如矩形、正方形、圆形、椭圆形等
	Line	直线控件	显示线段
	DriveListBox	驱动器列表框	显示有效的磁盘驱动器
	DirListBox	目录列表框	显示当前目录和路径
	FileListBox	文件列表框	显示当前路径下的文件
	Data	数据控件	可与数据库进行连接
	OLE	OLE 控件	可将其他应用程序嵌入当前程序

7.2 Frame 控件

框架（Frame）控件是一个可以组合其他控件的容器，一般来说，框架中的控件为一组。框架的主要属性如下：

（1）Caption 属性：框架的标题。

（2）Enabled 属性：框架是否可用，框架不可用则其中的所有控件均不可用。

（3）BorderStyle 属性：0——None，此时 Caption 属性不起作用；1—— Fixed Single。

框架控件是容器控件，将其他控件添加进框架的方法如下：
① 先添加框架，然后选择该框架，在其中添加其他控件。
② 如果希望将已有控件加入框架控件，可先剪切控件，然后粘贴到框架控件之内。控件加入框架的特征：移动框架时，框架内的所有控件会随之移动。

7.3 CheckBox 控件

复选框（CheckBox）控件可以使用户同时在一组选项中选择多个选项，其主要成员如下：

（1）Value 属性：复选框的状态。0——UnChecked，表示复选框未被选中；1——Checked，表示复选框被选中，其方形框中会出现"√"标记；2——Grayed，复选框按钮变为灰色。

（2）Caption 属性：复选框选项的标题。

（3）Click 事件：当用户单击复选框时触发，复选框被单击意味着被选择或取消选择。

【例 7.1】应用框架和复选框控件，设置文本框内的不同字形。窗体上有 1 个文本框，1 个框架和 4 个复选框控件，界面如图 7-2 所示。

图 7-2 程序运行界面

代码如下：

```
Private Sub Check1_Click()        '设置粗体
    '每单击一次复选框，都对原来的值取反，在 True 和 False 之间切换
    Text1.Font.Bold=Not Text1.Font.Bold
End Sub

Private Sub Check2_Click()        '设置斜体
    Text1.Font.Italic=Not Text1.Font.Italic
End Sub

Private Sub Check3_Click()        '设置下画线
    Text1.Font.Underline=Not Text1.Font.Underline
End Sub
```

```
Private Sub Check4_Click()    '设置删除线
    Text1.Font.Strikethrough=Not Text1.Font.Strikethrough
End Sub
```

7.4 OptionButton 控件

单选按钮（OptionButton）控件只允许用户在一组选项中选择一个，一旦用户选择了另外一个，则上一次选择的按钮会自动取消选择。

若将所有选项按钮直接放在窗体上，则会构成一个组，也就是只能在其中选择一项。若要创建多个组，则需要先创建框架，然后把同组选项按钮放进去。如图 7-3 所示，"文字编辑"框架中的所有单选按钮为一组，"平面设计"框架中的所有单选按钮为一组。

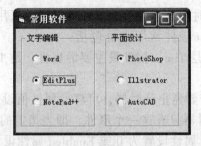

图 7-3 单选按钮分组

单选按钮的一些常用成员如下：

（1）Value 属性：单选按钮是否被选中。被选中时，该值为 True，否则为 False。

（2）Caption 属性：单选按钮的标题。

（3）Enabled 属性：单选按钮是否可用。若要禁止某组单选按钮，则可设置框架的 Enabled 属性。

（4）Click 事件：单击单选按钮时触发,单击该按钮，则意味着选择了它，取消对同组其他按钮的选择。

【例 7.2】应用单选按钮对文字进行字体设置。程序运行界面如图 7-4 所示。

图 7-4 程序运行界面

程序设计步骤如下：

（1）新建一个"标准 EXE"工程。

（2）修改【例 7.1】程序用户界面。删除两个复选框及其代码。在窗体上添加一个框架，其 Caption 属性设置为"字体"；然后在一个框架中添加两个单选按钮，作为一个控件数组，并分别将它们的 Caption 属性设置为"宋体"和"幼圆"。

（3）进入代码编辑窗口中，添加如下事件过程：

```
Private Sub Option1_Click(Index As Integer)  '单选按钮组成控件数组
  '文字字体设置为单选按钮标题所表示的字体
  Text1.Font.Name=Option1(Index).Caption
End Sub
```

7.5　Timer 控件

当用户需要每隔固定时间来响应某个事件的时候，可用 Visual Basic 提供的计时器（Timer）控件 。Timer 控件常用成员包括：

（1）Interval 属性：这是 Timer 控件最主要的属性，是 Timer 事件的时间间隔，单位为 ms。

（2）Enabled 属性：若要停止计时器，可将此属性值设置为 False，否则为 True。

（3）Timer 事件：计时器只有这一个事件，即当指定的时间间隔来到时触发，如果没有将该控件的 Interval 属性设置为 0 或 Enabled 属性设置为 False，则 Timer 事件就会不停地按照规定的时间间隔发生下去。

【例 7.3】应用 Timer 控件实现电子时钟，程序运行界面如图 7-5 所示。

图 7-5　程序运行界面

程序设计步骤如下：

（1）新建一个"标准 EXE"工程。

（2）建立程序用户界面。在窗体上添加一个 Timer 控件和一个标签控件。将标签控件的背景颜色设置为蓝色，Timer 控件的 Interval 属性设置为 10。

（3）进入代码编辑窗口中，编写如下事件过程：

```
Private Sub Timer1_Timer()
   Static a As Integer                '记录毫秒数
   a=a+1
   If a >=100 Then a=0                'a 的值在 0～100 之间
   Label1.Caption=Time & ":" & a
End Sub
```

7.6 ScrollBar 控件

滚动条（ScrollBar）控件一个带有滚动块的长条，用户可以拖动滚动块或单击滚动条两端改变滚动块位置。滚动条控件有两种：水平滚动条 HScrollBar 控件和竖直滚动条 VScrollBar 控件。这两者只是方向不同，没有其他区别。

在 Windows 应用程序中，滚动条是十分常见的，它经常被用于移动页面已有内容，以便看到超出窗口区域的部分；它还常用作调节作用，例如按比例指示当前位置、调整图片颜色、控制音量等。

滚动条的常用成员如下：

（1）Min 属性、Max 属性：滚动条的最小值和最大值。

（2）Value 属性：由滚动块的位置确定的滚动条的当前值，在 Min 与 Max 之间变化。

滚动条相当于数轴，滚动条左边或下边对应它的最小值，右边或上边对应它的最大值，其当前值 Value 取决于滚动块的位置，滚动块可在最小值和最大值之间滚动，如图 7-6 所示。

（3）LargeChange 属性：单击滚动条空白处滚动块移动的距离。

（4）SmallChange 属性：单击滚动条两端箭头滚动块移动的距离。

（5）Change 事件：在滚动块的位置发生改变时触发。

（6）Scroll 事件：在移动滚动块时连续触发。

图 7-6　滚动条 Min、Max、Value 属性

【例 7.4】应用滚动条设计圣诞卡。圣诞卡可以显示在工程文件夹里保存了 9 幅图片，如图 7-7 所示。程序运行时，可以通过拖动下方的滚动条，改变圣诞卡的背景图片。界面如图 7-8 所示。

图 7-7　程序文件夹　　　　　　　　图 7-8　程序运行界面

程序设计步骤如下：

（1）新建一个"标准 EXE"工程。

（2）添加一个水平滚动条，设置其 Min 和 Max 分别为 1 和 9，以便 Value 值对应 9 幅图片的名字。设置窗体标题和背景颜色如图 7-8 所示。

（3）进入代码编辑窗口中，编写如下事件过程：

```
Private Sub HScroll1_Scroll()              '移动滚动条则设置新的背景图片
    Form1.Picture=LoadPicture(App.Path & "\" & HScroll1.Value & ".gif")
    '背景图片与工程文件在同一个文件夹里，用 App.Path 表示应用程序所在路径
End Sub
```

7.7 ListBox 控件

列表框（ListBox）控件可以显示一系列选项供用户选择，这些选项相当于一个数组。默认状态下列表框的选项以垂直单列形式出现，也可设置为多列形式。当选项数目超出列表框所能显示的范围时，滚动条会自动出现，如图 7-9 所示。

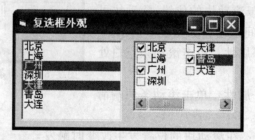

图 7-9 列表框

列表框控件常用的成员如下：

（1）List 属性：列表项的内容。

在属性窗口通过 List 属性可以添加列表项的内容，每项输入后按【Ctrl+Enter】组合键结束，全部输入完以后，按【Enter】键结束。

每个列表项可以通过 List 属性与下标引用。例如：

```
Dim str As String
str=List1.List(0)            '从 List1 中取出第 1 项内容，保存在 str 中
List1.List(1)="昆明"          '将列表框中的第 2 项内容改为"昆明"
```

（2）ListCount 属性：列表项数量。

例如，一个列表框有 4 个选项，那么 ListCount 就为 4。

（3）ListIndex 属性：被选择的列表项的下标。当列表框没有选择项目时，ListIndex 的值就为-1。当选择多个项目，返回最后一个被选列表项的下标。

（4）Text 属性：被选择的列表项的内容。

（5）Columns 属性：列表框的列数。当值为 0 时，所有项目呈单列显示；当值为 1 或者大于 1 时，项目呈多列显示。若项目的总高度大于列表框的高度，那么列表框右边会默认增加一个垂直滚动条，用来上下移动列表框。

（6）MultiSelect 属性：是否可以同时选择多个项目。MultiSelect 有 3 个取值：取值为 0——不允许多重选择，如果选择了一项就不能选择其他项；取值为 1——允许多重选择，可以用鼠标或空格键进行选择；取值为 2——功能最强大的多重选择，可以按【Shift】键或【Ctrl】键完成多个表项的选择。

（7）Style 属性：列表框的外观，取值为 1——Standard 标准型；取值为 2——CheckBox 复选框型，如图 7-9 所示。

（8）Selected 属性：列表项是否被选中。例如：

```
List1.Selected(0)=True           '选择第一项
```

（9）SelCount 属性：列表框中所选项目的数目。只有当 MultiSelect 属性值为 1 或 2 时，该属性才起作用，它通常与 Selected 属性一起使用，以处理控件中所选的项目。

（10）AddItem 方法：为列表框添加项目，其语法格式如下：

```
列表框名称.AddItem 项目 ,下标
```

其中，下标是可选项，是指将新增项目放到原列表框中的第几项。例如：

```
List1.AddItem "昆明"              '在 List1 最后增加 "昆明" 列表项
List1.AddItem "昆明", 0           '在 List1 第一项位置插入 "昆明" 列表项
```

（11）Clear 方法：清除列表框中所有的内容，例如：

```
List1.Clear
```

（12）RemoveItem 方法：删除列表框中指定的项目，例如：

```
List1.RemoveItem 3                '删除第四项
```

（13）Click 事件：单击列表框时触发。

【例 7.5】应用列表框实现项目移动，程序界面如图 7-10 所示。

单击向右按钮 > ，可以将左列表框中的指定选项移到右列表框中；单击全部向右按钮 >> ，可以将左列表框中所有的内容移到右列表框中。而全部向左移动时只需要清空右侧列表项就可以了。

由于可以进行多次选择，因此在向右按钮的单击事件中，应该首先判断用户是否在 List1 中选中了选项，若被选中，则从 List1 的所有项目中搜索用户选中的项目，然后与 List2 中的项目对照，看是否有重叠，若没有再将该选项添加到 List2 中。

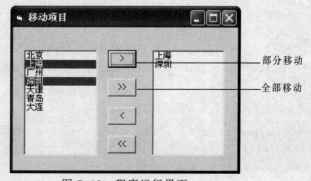

图 7-10　程序运行界面

程序设计步骤如下：
(1) 新建"标准 EXE"工程。
(2) 建立程序用户界面。在窗体上添加两个列表框，分别命名为 List1 和 List2，将其 Style 属性都设置为 0，且设置为可以多选。添加 4 个命令按钮，分别命名为 cmdRight、cmdAllRight、cmdLeft 和 cmdAllLeft。
(3) 进入代码编辑窗口中，编写如下事件过程：

```vb
Private Sub Form_Load()
    List1.AddItem "北京"                        '添加项目
    List1.AddItem "上海"
    List1.AddItem "广州"
    List1.AddItem "深圳"
    List1.AddItem "天津"
    List1.AddItem "青岛"
    List1.AddItem "大连"
End Sub

Private Sub cmdRight_Click()                    '向右移动若干个项目
    Dim flag As Boolean, i As Integer, j As Integer
    For i=0 To List1.ListCount-1                '检查所有项目，看是否被选择
      If List1.Selected(i) Then                 '如果找到了被选择的项目
        For j=0 To List2.ListCount-1            '移动项目
          If List1.List(i)=List2.List(j) Then flag=True
        Next j
        If Not flag Then List2.AddItem List1.List(i)
        '如果 flag 为 True，则表示重复项目
        flag=False
      End If
    Next i
End Sub

Private Sub cmdAllRight_Click()                 '向右移动所有项目
    Dim i As Integer
    List2.Clear
    For i=0 To List1.ListCount - 1
        List2.List(i)=List1.List(i)
    Next i
End Sub

Private Sub cmdLeft_Click()                     '向左移动单个项目
    For i=List2.ListCount - 1 To 0 Step-1
      If List2.Selected(i) Then List2.RemoveItem i
    Next i
End Sub

Private Sub cmdAllLeft_Click()                  '向左移动所有项目
    List2.Clear
End Sub
```

7.8 ComboBox 控件

组合框（ComboBox）控件将 TextBox 控件与 ListBox 的合为一体，兼具两者的特性，如图 7-11 所示。列表框控件的大部分属性都适合于组合框，而且组合框还有一些自有的属性。

组合框常用成员如下：

（1）Text 属性：编辑区域中的文本。

例如，图 7-11 中 Text 属性取值为"上海"。

（2）Style 属性：组合框样式。取值为 0——"下拉式组合框"，与下拉式列表框相似，不同的是，下拉式组合框可以通过输入文本的方法在表项中进行选择，可识别 Dropdown、Click、Change 事件；取值为 1——"简单组合框"，由可以输入文本的编辑区与一个标准列表框组成，可识别 Change、DblClick 事件；取值为 2——"下拉式列表框"，右边有个下三角按钮，可进行"拉下"或"收起"操作。它不能识别 DblClick 及 Change 事件，但可识别 Dropdown、Click 事件。

图 7-11 组合框

综上所述，若让用户能够输入项目，则应将组合框设置为 0 或 1；若只想让用户对已有项目进行选择，则应将组合框设置为 2。

（3）Change 事件：当先后两次选择了不同的列表项时触发。

7.9 实　　例

【例 7.6】应用列表框和组合框实现校园二手交易信息的录入，程序界面如图 7-12 所示。可以在组合框中选择交易性质"转让""求购"或"交换"，在列表框里选择交易物品，然后决定时候面议价格。这些信息会反映在文本框中，作为自动生成的交易信息标题。用户再输入详细说明后，选择"提交"，则可以看到一个确认信息；选择"取消"则文本框被清空。

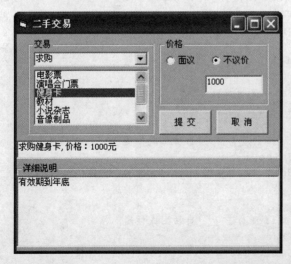

图 7-12　程序运行界面

程序设计步骤如下：

（1）新建"标准 EXE"工程。

（2）建立程序用户界面。在窗体上添加 2 个框架。一个框架内添加 1 个组合框和 1 个列表框，分别命名为 cmbSell 和 List1。另一个框架内添加 2 个单选按钮 optPrice 和 optFTF，1 个文本框 txtPrice。添加 2 个命令按钮，分别命名为 cmdOk 和 cmdCancle。再添加 2 个文本框 txtTitle 和 txtDetail。

（3）进入代码编辑窗口中，编写如下事件过程：

```vb
Private Sub Form_Load()          '初始化组合框和列表框的项目
    With cmbSell
        .AddItem "求购"
        .AddItem "转让"
        .AddItem "交换"
        .Text=.List(0)           '显示第一项
    End With

    With list1
        .AddItem "电影票"
        .AddItem "演唱会门票"
        .AddItem "健身卡"

        .AddItem "教材"
        .AddItem "小说杂志"
        .AddItem "音像制品"

        .AddItem "自行车"
        .AddItem "电动自行车"
    End With
End Sub

Private Sub cmbSell_Click()      '自动生成标题
    txtTitle.Text=cmbSell.Text
End Sub

Private Sub list1_Click()        '自动生成标题
    item=list1.Text
    txtTitle.Text=cmbSell.Text & list1.Text
End Sub

Private Sub optFTF_Click()       '自动生成标题
    txtPrice.Enabled=False
    txtTitle.Text=cmbSell.Text & list1.Text & ",价格面议"
End Sub

Private Sub optPrice_Click()     '自动生成标题
    txtPrice.Enabled=True
    txtTitle.Text=cmbSell.Text & list1.Text & ",价格: "
End Sub
```

```
Private Sub txtPrice_Change()        '自动生成标题
    txtTitle.Text=cmbSell.Text & list1.Text & ",价格: " _
& txtPrice.Text & "元"
End Sub

Private Sub cmdOK_Click()            '确认输入则给出提示
    MsgBox txtTitle.Text & Chr(10) & "详细描述: " & Chr(10) _
& txtdetail.Text, , "信息确认"
End Sub

Private Sub cmdCancle_Click()        '取消输入则清空文本框
    txtTitle.Text=""
    txtdetail.Text=""
End Sub
```

小 结

本章主要介绍了 Visual Basic 提供的标准控件以及它们的成员。

框架控件用于对控件分组。单选按钮、复选框控件用于选择，一组单选按钮中只能选择一个，一组复选框中可以选择多个。计时器控件用于每隔一段时间自动触发某个事件。滚动条相当于一个数轴，通过拖动滚动块可取得数轴上某一点的值。列表框和组合框控件用于列出一组选项供用户选择，它们的多数属性和方法都相同，只是组合框是由文本框和列表框集合在一起的。

思考与练习题

一、思考题

1. 列表框和组合框有什么区别？
2. 控件怎样添加到框架控件中？
3. 哪些控件可以提供选项功能？

二、选择题

1. 为了在窗体上建立 2 组单选按钮，并且当程序运行时，每组都可以有一个单选按钮被选中，则以下做法中正确的是（   ）。

    A. 把这 2 组单选按钮设置为名称不同的 2 个控件数组
    B. 使 2 组单选按钮的 Index 属性分别相同
    C. 使 2 组单选按钮的名称分别相同
    D. 使 2 组单选按钮分别画到 2 个不同的框架中

2. 列表框中的项目保存在一个数组中，这个数组的名字是（   ）。

    A. Column   B. Style   C. List   D. MultiSelect

3. 在窗体上画一个名称为 List1 的列表框，列表框中显示若干城市的名称。当单击列表框中的某个城市名时，该城市名消失。下列在 List_Click 事件过程中能正确实现上述功能的语句是（   ）。

A. List1.RemoveItem List1.Text   B. List1.RemoveItem List1.Clear
C. List1.RemoveItem List1.ListCount   D. List1.RemoveItem List1.ListIndex

4. 下列叙述中错误的是（   ）。
   A. 列表框与组合框都有 List 属性
   B. 列表框有 Selected 属性，而组合框没有
   C. 列表框和组合框都有 Style 属性
   D. 组合框有 Text 属性、而列表框没有

5. 滚动条可以响应的事件是（   ）。
   A. Load   B. Scroll   C. Click   D. MouseDown

6. 设窗体上有一个名称为 HS1 的水平滚动条，如果执行了语句：
HS1.Value=（HS1.Max-HS1.Min）/2+HS1.Min
则（   ）。
   A. 滚动块处于最左端
   B. 滚动块处于最右端
   C. 滚动块处于中间位置
   D. 滚动块可能处于任何位置，具体位置取决于 Max、Min 属性的值

7. 窗体上有一个名称为 Cb1 的组合框，程序运行后，为了输出选中的列表项，应使用的语句是（   ）。
   A. Print Cb1.Selected   B. Print Cb1.List(Cb1.ListIndex)
   C. Print Cb1.Selected.Text   D. Print Cb1.List(ListIndex)

8. 窗体上有一个名为 Command1 的命令按钮和一个名为 Timer1 的计时器，并有下面的事件过程：

```
Private Sub Command1_Click()
    Timer1.Enabled = True
End Sub
Private Sub Form_Load()
    Timer1.Interval = 10
    Timer1.Enabled = False
End Sub
Private Sub Timer1_Timer()
    Command1.Left = Command1.Left + 10
End Sub
```

程序运行时，单击命令按钮，则产生的结果是（   ）。
   A. 命令按钮每 10 s 向左移动一次
   B. 命令按钮每 10 s 向右移动一次
   C. 命令按钮每 10 ms 向左移动一次
   D. 命令按钮每 10 ms 向右移动一次

9. 设窗体上有一个名为 List1 的列表框，并编写下面的事件过程：

```
Private Sub List1_Click()
    Dim ch As String
```

```
    ch = List1.List(List1.ListIndex)
    List1.RemoveItem List1.ListIndex
    List1.AddItem ch
End Sub
```

程序运行时，单击一个列表项，则产生的结果是（　　）。

　　A．该列表项被移到列表的最前面　　B．该列表项被删除
　　C．该列表项被移到列表的最后面　　D．该列表项被删除后又在原位置插入

10．窗体上有一个名称为 Option1 的单选按钮数组，程序运行时，当单击某个单选按钮时，会调用下面的事件过程：

```
Private Sub Option1_Click(Index As Integer)
    …
End Sub
```

下面关于此过程的参数 Index 的叙述中正确的是（　　）。

　　A．Index 为 1 表示单选按钮被选中，为 0 表示未选中
　　B．Index 的值可正可负
　　C．Index 的值用来区分哪个单选按钮被选中
　　D．Index 表示数组中单选按钮的数量

三、填空题

1．计时器控件能每隔一定时间间隔就触发＿＿＿＿事件，并执行该事件过程中的程序代码。

2．在窗体上画一个标签、一个计时器和一个命令按钮，其名称分别为 Labl1、Timer1 和 Command1。程序运行后，如果单击命令按钮，则标签开始闪烁，每秒"欢迎"两字显示、消失各一次。以下是实现上述功能的程序，请填空。

```
Private Sub Form_Load()
    Label1.Caption="欢迎"
    Timer1.Enabled=False
    Timer1.Interval=_____
End Sub
Private Sub Timer1_Timer()
    Label1.Visible=_____
End Sub
Private Sub command1_Click()
    _____
End Sub
```

3．窗体上有 List1、List2 两个列表框，程序运行时，在两个列表框中分别选中 1 个项目，如图 7-13（a）所示，单击名称为 Command1 的"交换"按钮，则把选中的项目互换，互换后的位置不限，如图 7-13（b）所示。下面的程序可实现这一功能，请填空。

```
Private Sub Command1_Click()
    If List1.Text = "" Or List2.Text = "" Then
        MsgBox "请选择交换的物品！"
```

```
        Else
            List1.AddItem List2.Text
            List2.RemoveItem _____
            _____
            List1.RemoveItem List1.ListIndex
        End If
End Sub
```

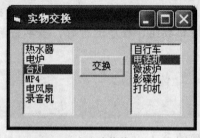
（a）交换前

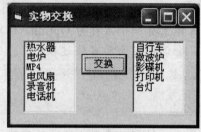
（b）交换后

图 7-13　题 3 程序运行界面

四、编程题

1. 新建工程，利用 Timer 控件实现程序运行时，在窗体内由上向下滚动显示"欢迎使用 Visual Basic"。

2. 修改上题，在窗体右侧添加一个垂直滚动条，实现拖动滚动块使"欢迎使用 Visual Basic"在窗体表面移动。

3. 新建工程，添加两个窗体 Form1、Form2。实现显示欢迎界面，即在窗体上显示"欢迎使用 Visual Basic"，时间为 5 s，之后 Form1 消失，Form2 出现。

4. 新建工程，在窗体添加 3 个复选框，设置其标题依次为"体育""音乐""美术"；添加 1 个命令按钮，设置标题为"显示"。实现在程序运行时，如果选择某个复选框，再单击"显示"命令按钮时，则显示相应的信息。例如，如果选中"体育"和"音乐"复选框，则单击"显示"命令按钮后，则在窗体上显示"我的爱好是：体育音乐"，如图 7-14 所示。

图 7-14　题 4 程序运行界面

5. 新建工程，添加 6 个复选框并组成控件数组；再添加一个命令按钮。程序运行时，单击命令按钮，可以统计有多少个复选框被选，并用 MsgBox 显示结果。

6. 新建工程，设计界面如图 7-15 所示，实现一个配电脑的程序。程序运行时，当用户选定了基本配置并且单击"确定"按钮后，在右边的列表框中显示所选择的信息。

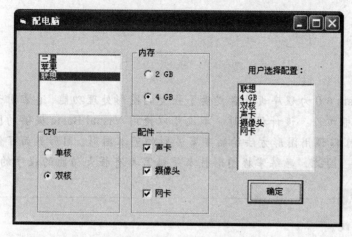

图 7-15 题 6 程序运行界面

第8章 开发绘图程序

Visual Basic 6.0 为程序设计者提供了强大的图形处理功能,通常用于绘图的画布是窗体或图片框控件。设计程序时,不仅可以使用 Visual Basic 提供的图形控件进行界面设计,还可以调用图形方法绘制丰富多彩的艺术图形。图形界面可使用户界面更加形象、友好。因此,熟练掌握图形技术是编写具有强大功能的程序的条件之一。

本章要点

- 坐标系统。
- 绘图方法。
- 图形 Shape 和直线 Line 控件。
- 图像框 Image 控件。
- 图片框 PictureBox 控件。

8.1 概 述

对象的坐标系统是绘制各种图形的基础,坐标系统选择得恰当与否直接影响着绘图的质量。同样的绘图命令,可能仅仅由于用户定义或选择的坐标系统不同,而导致不能正确地在屏幕上显示或在打印机上打印出结果。

8.1.1 默认坐标系及度量单位

(1)坐标原点:Visual Basic 中系统默认的坐标系是以对象左上角为坐标原点(0,0)。水平方向的 X 坐标轴向右为正方向,垂直方向的 Y 坐标轴向下为正方向,如图 8-1 所示。

(2)度量单位:Visual Basic 中共有 8 种度量单位,包括 7 种标准规格的和一种由用户定义的。默认刻度单位是 twips,用户还可根据实际需要使用 ScaleMode 属性定义,在属性窗口设置或在程序代码中读取或修改。

例如:

```
Form1.ScaleMode=7    '设置窗体坐标系的刻度单位为 cm
```

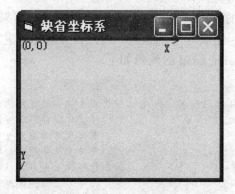

图 8-1　默认坐标系

8.1.2　用户自定义坐标系

Visual Basic 中有两种方式用于坐标系的定义，一种利用属性，一种利用方法。

1. 利用属性设置

利用属性设置是通过对象的 ScaleTop、ScaleLeft、ScaleWidth 和 ScaleHeight 四项属性来实现。它们不仅可以用来设置坐标系统，而且可以用于获取当前坐标系统的信息。

在窗体和图片框中，与用户自定义坐标系原点和坐标轴的方向相关的属性如表 8-1 所示。

表 8-1　与自定义坐标系原点和坐标轴方向相关的属性

属　　性	功　　能
CurrentX，CurrentY	当前坐标的水平坐标和垂直坐标
Height，Width	高度和宽度，包括边框和标题栏
ScaleHeight，ScaleWidth	内部宽度和高度的刻度单位，这里的宽度和高度是指除去边界或标题行后的净宽度和净高度，即用户定义坐标的单位
Left，Top	左上角在容器中的坐标值
ScaleLeft，ScaleTop	左上角的坐标值，用于改变原点位置

【例 8.1】重新定义坐标系。运行结果如图 8-2 所示。

程序设计步骤如下：

（1）新建"标准 EXE"工程。

（2）在窗体 Form1 上添加标签控件，将其名称改为"lblShow"，设置其 FillStyle 属性为"0-solid"，FillColor 属性为"&H00C000C0&"（亮粉色）。

（3）在 Form_load()中添加如下代码：

```
Private Sub Form_Load()
    Form1.ScaleHeight=4     '将窗体当前可用高度（去掉标题栏）分为 4 份
    Form1.ScaleWidth=4      '将窗体当前可用宽度（去掉标题栏）分为 4 份
    lblShow.Left=3          '标签左上角点的横坐标
    lblShow.Top=3           '标签左上角点的纵坐标
End Sub
```

（4）单击工具栏中的启动按钮，运行程序，程序运行结果如图 8-2（a）所示。

（5）单击结束按钮，结束程序的运行，返回设计状态。进入代码编辑窗口，编写窗体的 Load 事件过程 Form_Load 的代码如下：

```
Private Sub Form_Load()
    Form1.ScaleHeight=4      '将窗体当前可用高度分为 4 份
    Form1.ScaleWidth=4       '将窗体当前可用宽度分为 4 份
    Form1.ScaleLeft=2        '窗体坐标系原点坐标的横坐标设为 2
    Form1.ScaleTop=2         '窗体坐标系原点坐标的纵坐标设为 2
    lblShow.Left=3           '标签左上角点的横坐标
    lblShow.Top=3            '标签左上角点的纵坐标
End Sub
```

（6）单击启动按钮，再次运行程序，程序运行结果如图 8-2（b）所示。可见，由于窗体的坐标原点发生了变化，则标签在窗体中的显示位置也跟着发生了变化。

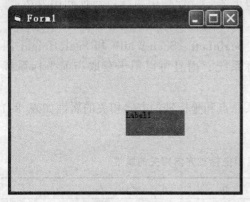
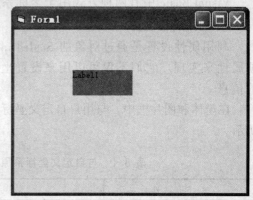

（a）第一次运行结果　　　　　　　　　　　（b）第二次运行结果

图 8-2　程序运行界面

2．利用方法设置

利用方法设置是采用 Scale 方法来设置坐标系。Scale 方法的语法格式如下：

> 对象.**Scale** (xLeft,yTop)-(xWidth,yHeight)

（1）"对象"可以为窗体、图片框等。

（2）（xLeft, yTop）参数定义坐标系中左上角坐标。

（3）（xWidth, yHeight）参数定义坐标系中右下角坐标。

例如，语句 Scale (-200, 250)-(300, -150)将改变默认坐标系，建立新的坐标系，如图 8-3 所示。

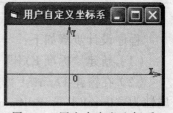

图 8-3　用户自定义坐标系

8.2　绘图属性

8.2.1　ForeColor 属性

可以通过 ForeColor 属性设置绘图的笔触颜色。颜色值可以使用 Visual Basic 预先定义好的颜色常量，也可以使用 RGB 函数或 QBColor 函数。

（1）Visual Basic 内部使用十六进制长整数表示颜色。例如，&H000080FF&代表橘红色。

```
Form1.ForeColor = &H000000FF&          '红色
```

（2）颜色常量以 vb 开头，后面带有一个表示颜色的单词，常用的颜色常量为 vbBlack、vbWhite、vbRed、vbGreen、vbBlue、vbYellow。例如：

```
Form1.ForeColor = vbRed                '红色
```

（3）RGB 函数语法格式为

RGB(Red,Green,Blue)

Red、Green、Blue 三个参数的取值分别代表红色、绿色和蓝色三种基本颜色。最终颜色值由三基色混合而成。三基色的取值范围都是从 0 到 255。例如，

```
Picture1.ForeColor = RGB(255, 0, 0)    '红色
```

（4）QBColor 函数语法格式为

QBColor(颜色值)

"颜色值"是 0~15 的整型值，可代表 16 种基本颜色，如表 8-2 所示。例如：

```
Form1.ForeColor = QBColor(4)           '红色
```

表 8-2　颜　色　值

取 值	颜 色	取 值	颜 色	取 值	颜 色	取 值	颜 色
0	黑	4	红	8	灰	12	浅红
1	蓝	5	品红	9	浅蓝	13	浅品红
2	绿	6	黄	10	浅绿	14	浅黄
3	青	7	白	11	浅青	15	浅白

8.2.2　DrawWidth、DrawStyle 属性

可以通过 DrawWidth、DrawStyle 属性设置画笔粗细与样式。

（1）DrawWidth 属性：画笔的粗细。最小值为 1，单位为像素。

（2）DrawStyle 属性：当 DrawWidth 属性取值为 1 时，可通过 DrawStyle 设置画笔样式，取值如图 8-4 所示。

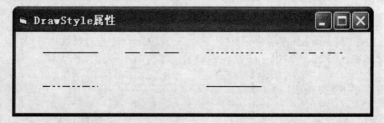

图 8-4　DrawStyle 属性

8.3 绘图方法

Visual Basic 提供了 4 种基本的绘图方法，即 PSet（画点）、Line（画线或矩形）、Circle（画圆、扇形和弧）和 Point（返回指定点的颜色）方法。

8.3.1 PSet 方法

PSet 方法可以在对象的指定位置(x,y)按确定的像素颜色画点，其语法格式为

> 图片框|窗体**.PSet Step** (x,y),color

（1）"对象名"为要绘制点的对象名称，可以是窗体或图片框，若省略则为当前窗体。

（2）(x,y)参数为要绘制点的水平和垂直坐标，均为 Single 类型，默认单位为 twips。

（3）color 为要绘制点的颜色，如果省略则使用当前的前景颜色画点，可以用 RGB 函数或 QBColor 函数指定颜色。

（4）Step 为可选参数，是下一个画点位置相对于当前位置偏移量的标记，即步长（分水平和垂直两个方向，可正可负）。

（5）PSet 所画点的大小取决于窗体或图片框的 DrawWidth 属性值，像素的真正颜色取决于 DrawMode 和 DrawStyle 的属性值。执行 PSet 后，CurrentX 和 CurrentY 属性被设置为语句指定的坐标位置。例如：

```
DrawWidth=3                        '设置点的大小
PSet (120,200), vbRed              '以(120,200)为坐标画点
PSet Step(100,100), vbRed          '以(220,300)为坐标画点
```

（6）要清除某个坐标上的像素，只需在该坐标点上画一个背景色的像素。例如：

```
PSet (100,100),BackColor           '(100,100)处被擦除
```

【例 8.2】应用 PSet 方法制作一个电子贺卡。在窗体上画 100 个随机点，每次单击，点的颜色和位置也随机变化。运行结果如图 8-5 所示。

程序设计步骤如下：

（1）新建"标准 EXE"工程。

（2）进入代码编辑窗口中，编写如下事件过程：

```
Private Sub Form_Click()
    Dim x As Integer, y As Integer, i As Integer
    Form1.Font.Size=24                   '设置文字大小
    Form1.Fore.Color=vbRed               '设置文字颜色
    Form1.DrawWidth=6                    '设置笔触粗细
    Scale (-320, 320)-(320, -320)
    Cls
    Print "圣诞快乐！"
    For i=1 To 100
        x=320 * Rnd                      ' 设置随机点坐标（x, y）
        y=320 * Rnd
```

```
            If Rnd < 0.5 Then x=-x
            If Rnd < 0.5 Then y=-y            '保证点出现在整个窗体上
            PSet (x, y), QBColor(Rnd * 15)    '画点,颜色随机
        Next i
    End Sub
```

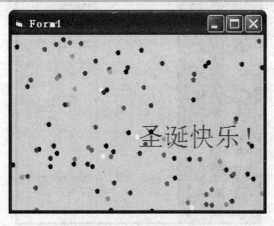

图 8-5　程序运行界面

8.3.2　Line 方法

Line 方法用来画直线和矩形，还可绘制各种曲线，因为任何曲线都可看作由无数小线段构成的，其语法格式如下：

```
图片框|窗体.Line (x1,y1)- (x2,y2),color,B
```

（1）(x1, y1)和(x2, y2)参数为一条线段的起止坐标。(x1, y1)若省略，就表示从当前位置开始画到(x2, y2)点，当前点坐标可用 CurrentX 和 CurrentY 属性得到；(x2, y2)是必需的，是直线或矩形的终点坐标。

（2）color 用于设置画线的颜色，如果省略，则使用 ForeColor 属性值，可用 RGB 函数或 QBColor 函数指定颜色。

（3）B 为可选项，表示以(x1, y1)和(x2, y2)为对角坐标画矩形。

例如：

```
Line (10, 10)-(100, 100), vbRed           '画红色直线
Line (100, 100)-(1000, 1000)              '以画布前景颜色画直线
Line -(1000, 500)                         '起始点为上条直线的终止点(1000,1000)
Line (100, 100)-(1000, 1000), vbRed, B    '画红色矩形
Line (100, 100)-(1000, 1000), , B         '以画布前景颜色画矩形
```

【例 8.3】应用 Line 方法在窗体绘制彩色线条，线条随时间向右侧推移。运行结果如图 8-6 所示。实现时通过 Timer 控件控制绘制时间，通过滚动条控制绘制颜色即可。

程序设计步骤如下：

（1）新建"标准 EXE"工程。

（2）建立程序用户界面。在窗体上添加 3 个滚动条 VSRed、VSBlue、VSGreen，

其属性 Min 与 Max 分别设置为 0，255。添加 1 个框架、3 个文本框。添加计时器，Interval 属性设置为 10。

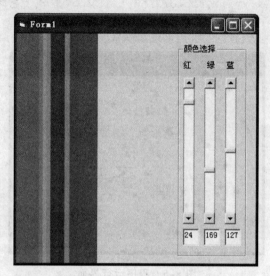

图 8-6　程序运行界面

（3）进入代码编辑窗口中，编写如下事件过程：

```
Private Sub Form_Load()
Private Sub Timer1_Timer()              '每隔一段时间，绘制一条直线
    Static x As Single
    If x>=Width Then x=0                '直线超过窗体，则从头绘制
    x=x+1
    ForeColor=RGB(VSRed.Value, VSGreen.Value, VSBlue.Value)
    Line (x, 0)-(x, Height)             '根据滚动条取值决定绘图颜色
End Sub

Private Sub VSBlue_Scroll()             '蓝色取值显示在文本框中
    txtBlue.Text=VSBlue.Value
End Sub

Private Sub VSGreen_Scroll()            '绿色取值显示在文本框中
    txtGreen.Text=VSGreen.Value
End Sub

Private Sub VSRed_Scroll()              '红色取值显示在文本框中
    txtRed.Text=VSRed.Value
End Sub                                 '在当前窗体中央显示文本
```

8.3.3　Circle 方法

Circle 方法用来在对象上画圆、椭圆、圆弧、扇形等。它的语法格式如下：

　　图片框|窗体.**Circle** (x,y),radius,color

其中：

（1）"对象名"为要绘制图形容器（窗体、图片框等）的对象名称，若省略则为当前窗体。
（2）(x,y)是圆、椭圆、圆弧、扇形的圆心坐标。
（3）radius 是圆半径。
（4）color 是颜色值。如果省略，则使用画布对象的 ForeColor 属性值。
例如：

```
Circle(1200,800),600           '以(1200,800)为圆心，半径为 600 的圆
```

【例 8.4】应用 Circle 方法在窗体上绘制由圆环构成的艺术图形。构造算法：将一个半径为 r 的圆周等分为 n 份，以这 n 个等分点为圆心，以 r_1 为半径绘制 n 个圆。设置圆的半径为窗体高度的 1/4，圆心在窗体的中心，等分圆周为 20 份。运行结果如图 8-7 所示。

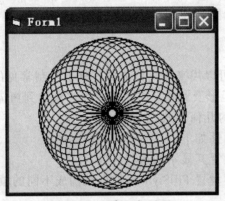

图 8-7　程序运行界面

程序设计步骤如下：
（1）新建一个"标准 EXE"工程。
（2）进入代码编辑窗口中，编写如下事件过程：

```
Private Sub Form_Click()
  Dim r As Single, x As Single, y As Single
  Dim x0 As Single, y0 As Single
  Const PI=3.1415926
  Cls
  r=Form1.ScaleHeight/4          '窗体的 1/4 为圆的半径
  x0=Form1.ScaleWidth/2          '设置圆心坐标（x0，y0）
  y0=Form1.ScaleHeight/2
  st=PI/20                       '等分圆周为 20 份
  For i=0 To 2*PI Step st        '循环绘制圆
      x=r*Cos(i)+x0              '取圆周上的点作为圆心
      y=r*Sin(i)+y0
      Circle (x, y), r*0.9       '以 r*0.9 为半径画圆
  Next i
End Sub
```

（3）运行程序，单击窗体时，显示艺术图形。

8.3.4 Point 方法

Point 方法用于返回指定点的 RGB 颜色，其语法格式如下：

`图片框|窗体.Point (x,y)`

(x, y)表示所画点的坐标，如果(x, y)点位于对象之外，则 Point 方法将返回 True。例如：

`Command1.BackColor=Point(100, 100)   ' 取点(100,100)处颜色设置命令按钮颜色`

8.4 绘图控件

与绘图相关的控件有 Line 控件、Shape 控件、Image 控件和 PictureBox 控件。Line 控件与 Shape 控件简单的线条与图形，Image 控件与 PictureBox 控件可以显示图片；PictureBox 控件除了显示图片外，还可以作为容器控件，在其中添加其他控件或绘图。

8.4.1 Shape 控件

形状 Shape 控件可以用来在窗体或图片框上绘制常见的几何图形，如矩形、正方形、椭圆、圆、圆角矩形及圆角正方形等。当它添加到窗体时显示为一个矩形，通过其属性可确定所需要的几何形状。

Shape 控件的主要属性如下：

（1）Shape 属性：设置其显示的形状。

（2）FillStyle 属性：设置 FillStyle 属性可以构成不同的填充效果。

8.4.2 Line 控件

直线 Line 控件与 Shape 控件相似，但仅用于画线。它用于在窗体、图片框和框架中画各种直线段，既可以在设计时通过设置线的端点坐标属性来画出直线，也可以在程序运行时动态地改变直线的各种属性。

Line 控件的主要属性如下：

（1）BorderStyle 属性：设置线条的类型。

（2）BorderWidth 属性：设置线条的宽度，即线条的粗细。

设置 BorderStyle 属性的效果取决于对 BorderWidth 属性的设置。如果 BorderWidth 不是 1，并且 BorderStyle 不是 0 或 6，则将 BorderStyle 自动设置成 1。可以在运行时修改其属性，如下面的语句：

`Line.BorderWidth=3                    '将直线宽度设置为 3 个像素`

（3）BorderColor 属性：用来指定线段的颜色。

8.4.3 Image 控件

图像框 Image 控件是 Visual Basic 提供的一种显示图像的控件，它可以显示下面几种格式的图片：位图（.bmp）、图标（.ico）、光标（.cur）、元文件（.wmf）、增强型元文件（.emf）、JPEG 和 GIF 文件。除此之外，Image 控件还响应 Click 事件，并可用其代替命令按钮或作为工具栏的内容以及它还可以用来制作简单动画等。

Image 控件两个比较重要的属性是 Picture 属性和 Stretch 属性。

（1）Picture 属性

Picture 属性用来设置所显示的图片。可以在属性窗口中设置 Picture 属性，也可以在代码中用 LoadPicture 方法进行设置。其语法格式如下：

```
对象名.Picture=LoadPicture("图片文件名")
```

例如：

```
Image1.Picture=LoadPicture("c:\windows\winupd.ico")
```

如果两个对象的 Picture 属性相互赋值，可利用 Set 语句。例如：

```
Set Image2.Picture=Image1.Picture
```

可以使用 App 对象的 Path 属性取得工程所在的路径，只要把图片和工程放在同一个路径下，就可以很方便地在工程中使用图片。例如：

```
Image1.Picture=LoadPicture(App.path & "\show.ico")
```

要清除图像框中的图像，可以在属性窗口中直接删除其 Picture 属性的内容，也可以使用 LoadPicture 函数进行删除，以下两种方法都可以：

```
Image1.Picture=LoadPicture("")          '删除 Image1 中的图片
Image1.Picture=LoadPicture()
```

（2）Stretch 属性

当 Stretch 属性设置为 True 时，加载的图片能够自动调整尺寸以适应图像框的大小。

当 Stretch 属性设置为 False 时，加载的图片不能自动调整大小，图像框可自动改变大小以适应其中的图片。

8.4.4 PictureBox 控件

图片框 PictureBox 控件可以用来显示图像，也可以从文件中装入并显示下面几种格式的图形：位图（.bmp）、图标（.ico）、光标（.cur）、元文件（.wmf）、增强型元文件（.emf）、JPEG 和 GIF 文件。另外，它可以作为其他控件的容器，显示图形方法的输出或显示 Print 方法输出的文本。

PictureBox 控件的两个比较重要的属性是 Picture 属性和 Autosize 属性。

（1）Picture 属性

该属性用来设置被显示的图片文件名（包括可选的路径名），在程序运行时可以使用 LoadPicture()函数在图片框中装入图形。LoadPicture()函数的使用方法同 Image 控件。

（2）Autosize 属性

该属性用来调整图片框的大小以适应图形尺寸，取值分为两种：

Autosize 属性取值为 False：保持原尺寸，当图形比图片框大时，超出的部分被截去。

Autosize 属性取值为 True：图片框根据图形大小自动调整。

此外，PictureBox 控件可以作为容器控件，向其中添加其他控件。它的其他成员如 Print 及作图方法请参见窗体和绘图方法部分。例如：

```
Picture1.ScaleHeight=4        '将 Picture1 的高度划分为 4 个单位
Picture1.ScaleWidth=4         '将 Picture1 的宽度划分为 4 个单位
Picture1.Circle(2, 2),1       '在 Picture1 中心点画圆，半径为 1 个单位
```

8.4.5 实例

【例 8.5】应用 Image 控件和 PictureBox 控件设计动画程序"转动的陀螺"。运行结果如图 8-8 所示。

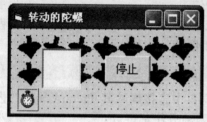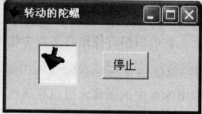

图 8-8　程序运行界面

程序设计步骤如下：

（1）新建一个"标准 EXE"工程。

（2）在窗体上添加一个 Timer 控件、一个 Command 控件、14 个 Image 控件（Image1（0），Image1（1），…，Image1（13））、一个 PictureBox 控件，其属性设置如表 8-3 所示，其中 Image 控件的位置任意，设置它们的 Picture 属性，显示不同角度的陀螺图片。

表 8-3　对象属性设置

对象	属性	属性值
Form1	Caption	"转动的陀螺"
Timer	Interval	100
Command1	（名称）	cmdStop
	Caption	"停止"

（3）进入代码编辑窗口中，编写如下事件过程：

```
Private Sub runtuoluo()
  Static y As Integer
  y=y+1: If y=14 Then y=0                '指定陀螺的某张图片
  Picture1.Picture=Image1(y).Picture     '图片框装入某张图片
  Form1.Icon=Image1(y).Picture           '窗体的 Icon 属性装入图片
End Sub
```

```
Private Sub cmdStop_Click()
  If cmdStop.Caption="转动" Then
    cmdStop.Caption="停止"
  Else
    cmdStop.Caption="转动"
  End If
End Sub

Private Sub Timer1_Timer()
  If cmdStop.Caption="停止" Then runtuoluo
End Sub
```

小 结

本章主要介绍了Visual Basic 坐标系统、颜色以及如何定义坐标系，通过图形控件 Shape 和 Line 以及图形方法（Pset、Line、Circle、Point）绘制图形，通过 Image 和 PictureBox 控件显示图形，并利用简单的实例说明它们的功能和使用方法。

思考与练习题

一、思考题

1. 自定义用户坐标系的两种方法分别是什么？
2. 基本的绘图方法和绘图控件有哪些？
3. 图片框控件和图像框控件的区别是什么？

二、选择题

1. Visual Basic 中坐标系默认刻度单位为 twips，可以根据需要，用（　　）属性来改变默认的刻度单位。

  A. Scale   B. ScaleMode   C. ScaleWidth   D. ScaleHeight

2. Point(x,y)方法的功能是（　　）。

  A. 得到(x,y)处的颜色   B. 从点(0，0)到点(x,y)画出一条线
  C. 在坐标(x,y)处画出一点   D. 以点(x,y)为圆心画一个圆

3. 可以通过设置 Line 控件的（　　）属性来绘制虚线、点线、点画线等各种样式的图形。

  A. Line   B. Style   C. FillStyle   D. BorderStyle

4. 通过 Shape 控件的（　　）属性可以绘制多种形状的图形。

  A. Shape   B. BorderStyle   C. FillStyle   D. Style

5. 以下关于 PictureBox 控件的说法中，错误的是（　　）。

  A. 可以通过 Print 方法在图片框中输出文本
  B. 清空图片框控件中图形的方法之一是加载一个空图形
  C. 图片框控件可以作为容器使用
  D. 用 Stretch 属性可以自动调整图片框中图形的大小

6. 运行时，要清除图片框Pict1中的图像，应使用语句（　　）。
   A. Picture1.Picture=""　　　　　　B. Picture1.Picture=LoadPicture()
   C. Pict1.Picture=""　　　　　　　D. Pict1.Picture=LoadPicture()
7. 若窗体上的图片框中有一个命令按钮，则此按钮的Left属性是指（　　）。
   A. 按钮左端到窗体左端的距离　　　B. 按钮左端到图片框左端的距离
   C. 按钮中心点到窗体左端的距离　　D. 按钮中心点到图片框左端的距离
8. 设窗体上有一个图片框Picture1，要在程序运行期间装入当前文件夹下的图形文件File1.jpg，能实现此功能的语句是（　　）。
   A. Picture1.Picture="Flie1.jpg
   B. Picture1.Picture=LoadPicture("File1.jpg")
   C. LoadPicture("File1.jpg")
   D. Call LoadPicture("File1.jpg")

三、填空题

1. PictureBox控件可通过设置其_____属性为True，可使其自动调整大小；而Image控件通过设置其_____属性为True，可使其加载的图片能自动调整大小以适应Image。
2. 为了在运行时把d:\pic文件夹中的图形文件a.jpg装入图片框Picture1，所使用的语句是_____。
3. 坐标系的三要素是_____、_____、_____。
4. 在Visual Basic中，自定义坐标系除了可以用_____、_____、_____、_____等4个属性来定义外，还可以用_____方法来定义。
5. 用于显示图片的控件有_____、_____。

四、编程题

1. 新建工程，在窗体上添加一个图片框和两个命令按钮，设置标题分别为"装入"和"清除"，如图8-9所示。程序运行后，如果单击"装入"按钮，则把工程所在的文件夹内的一个图片文件sunset.jpg按照图片框大小装入图片框中，如果单击"清除"按钮，则从图片框中清除该图片。

图8-9　图片框

2. 新建工程，编写程序。当程序运行，单击窗体在窗口上画出奥运五环，并在五环下写上"奥运五环"。运行结果如图8-10所示。

3. 新建工程，编写程序。当程序运行，单击"焰火"按钮在窗口上绘制出五彩放射线条组成的焰火，如图 8-11 所示。

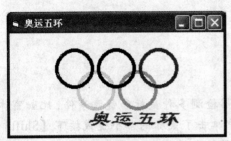

图 8-10　奥运五环

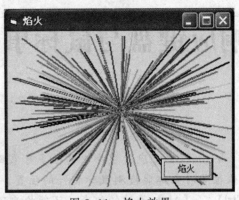

图 8-11　焰火效果

第 9 章 响应键盘与鼠标事件

Visual Basic 应用程序中的很多对象都能够检测多种鼠标和键盘事件，比如窗体、图像框等对象都能检测鼠标指针的位置，用户单击了鼠标的哪个键或按下【Shift】、【Ctrl】、【Alt】等键的组合；还能检测不同的键盘操作，处理不同的按键。

此外，Visual Basic 应用程序还支持鼠标拖放操作和 OLE 拖放功能，一般使用 Drag 方法和一些拖放事件、属性相结合，处理拖放操作。

本章要点

- 响应键盘事件。
- 响应鼠标事件。
- 拖放操作。

9.1 键盘事件

键盘和鼠标都是用户和计算机交互操作中的要素，按键和单击鼠标是计算机用户在进行数据输入、选择菜单命令等时的必要操作。获得焦点的控件才能够响应键盘操作。

Visual Basic 提供的 KeyPress 事件、KeyDown 事件和 KeyUp 事件可捕捉用户对键盘的按键操作，根据事件本身提供的参数可以得知用户按下了哪些键，并根据不同的按键组合进行具体处理。

用户按下一个键时可触发 KeyPress 事件和 KeyDown 事件，松开此键后触发 KeyUp 事件。若按下一个 KeyPress 无法检测的键，则只会触发 KeyDown 事件和 KeyUp 事件。

9.1.1 KeyPress 事件

当按下与 ASCII 码字符相对应的键时触发 KeyPress 事件，ASCII 码字符集包含了标准键盘字符、数字、标点符号和一些控制键，不过 KeyPress 事件只能识别【Enter】、【Tab】和【BackSpace】这 3 个控制键。要处理标准 ASCII 码，应使用 KeyPress 事件。

例如，要检测用户在文本框中输入字符时是否按了【Enter】键，可以在文本框的 KeyPress 事件中加入以下代码：

```
Private Sub Text1_KeyPress(KeyAscii As Integer)
    If KeyAscii=13 Then MsgBox "您按下了Enter键"
End Sub
```

此例中，KeyAscii 参数返回对应于 ASCII 码的整型数值，【Enter】键的 ASCII 码值为 13。

9.1.2 KeyDown 事件和 KeyUp 事件

KeyDown事件和KeyUp事件提供了最低级的键盘响应，它们可捕捉到一些特殊的、KeyPress 事件无法检测的键或组合键，其中包括：

（1）【Shift】、【Ctrl】和【Alt】键的组合。
（2）【PageUp】和【PageDown】键。
（3）方向键。
（4）区分键盘的数字键和数字键盘的数字键。
（5）与菜单命令无关的功能键。

9.1.3 KeyPress 事件与 KeyDown 事件区别

KeyAscii 参数将区分字母的大小写。例如，字符 A 与 a 的返回值就不同。

KeyDown 事件和 KeyUp 事件的 KeyCode 参数输入字符 A 与 a 的返回值则相同，若要区分它们，需要借助于【Shift】键和 Shift 参数。KeyCode 参数可区分打字键盘上的数字键和数字键盘上的数字键。例如，打字键盘上的 1 和数字键盘上的 1，虽然生成相同字符，但 KeyCode 参数的返回值却不同。以下代码是使用 Shift 参数来检测输入的是大写还是小写字符，不过这要求不要按【Caps Lock】键，只有按下字母键的同时按【Shift】键，才可输入大写字符。

```
Private Sub Text1_KeyDown(KeyCode As Integer, Shift As Integer)
    If Shift=1 Then Print "输入大写字符"
End Sub
```

数字与标点符号键的代码与数字的 ASCII 码值相同，例如，8 与 "*" 的 KeyCode 参数返回值相同，都是 Asc("8")函数返回的值，若要区分它们需要使用 Shift 参数。

KeyDown 事件和 KeyUp 事件可识别标准键盘上的大多数控制键,包括所有的功能键【F1】～【F12】，编辑键【Page Up】、【Page Down】、【Delete】、【Insert】等，方向键【→】、【←】、【↑】、【↓】，数字键盘上的键。可以通过相应的 ASCII 码值或 Visual Basic 常数来检测它们。比如要检测【Insert】键是否按下，编程如下：

```
Private Sub Text1_KeyDown(KeyCode As Integer, Shift As Integer)
    If KeyCode=vbKeyInsert Then Print "状态修改为插入"
End Sub
```

KeyDown 事件和 KeyUp 事件还可通过检测特定的 Shift 参数状态来捕捉【Shift】、【Alt】和【Ctrl】的组合键，以下代码就实现了此功能：

```
Private Sub Form_MouseDown(Button As Integer, Shift As Integer, X As Single, Y As Single)
```

```
    Select Case Shift And 7
      Case 1    'vbShiftMask
        Print "您按下了 Shift 键!"
      Case 2    'vbCtrlMask
        Print "您按下了 Ctrl 键!"
      Case 4    'vbAltMask
        Print "您按下了 Alt 键!"
      Case 3
        Print "您按下了 Shift 和 Ctrl 键!"
      Case 5
        Print "您按下了 Shift 和 Alt 键!"
      Case 6
        Print "您按下了 Ctrl 和 Alt 键!"
      Case 7
        Print "您按下了 Shift、Ctrl 和 Alt 键!"
    End Select
End Sub
```

按【Shift】键时,Shift=1;按【Ctrl】键,Shift=2;按【Alt】键,Shift=4。它们的组合键可通过这些键值的组合来判断。例如,按【Shift+Alt+Ctrl】组合键时,Shift=7(即 1+2+4=7)。

9.1.4 实例

【例 9.1】应用键盘事件完成用户登录检测程序。该程序的主要功能是当用户输入正确的密码时,显示"密码正确!",否则提示"无效的密码,请重试!"。若用户连续输入 3 次错误密码,则提示"3 次输入错误密码,您无权进入系统!",并退出。要求当用户完成输入密码后,直接按【Enter】键或单击"确定"按钮都可完成检测用户名称和密码正确与否的操作,因此在名为 txtPassword 的文本框的 KeyPress 事件中检测用户是否按了【Enter】键,如果是,就调用"确定"按钮的单击事件。此例默认的用户名是 Admin,密码是 12345678,程序没有对用户名称进行检测,界面如图 9-1 所示。

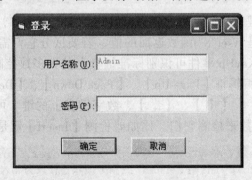

图 9-1 程序运行界面

程序设计步骤如下:
(1)新建"标准 EXE"工程。
(2)建立程序用户界面。在窗体上添加 2 个文本框控件、2 个标签控件、2 个命令按钮。具体属性设置如表 9-1 所示。

表 9-1 控件属性设置

对象	属性	属性值
Label1	Caption	"用户名称(&U)"
Label2	Caption	"密码(&P)"
txtPassword	Text	""
	PasswordChar	"*"
txtUserName	Text	"Admin"
	Enabled	False
cmdOk	Caption	"确定"
cmdExit	Caption	"取消"

（3）进入代码编辑窗口中，编写如下事件过程：

```
Private Sub txtPassword_KeyPress(KeyAscii As Integer)
    KeyAscii=Asc(UCase(Chr(KeyAscii)))    '将用户输入的字符都强制转换成大写
    If KeyAscii=13 Then             '按【Enter】键或单击确认按钮作用相同
        Call cmdOK_Click
    End If
End Sub
Private Sub cmdOK_Click()
    Static LoginWrong As Integer
    If Trim(txtPassword.Text)="" Then    '密码为空则给出提示
        MsgBox "密码不能为空!请重新输入", , "提示"
        Exit Sub
    End If
    Dim pass As String
    pass="12345678"
    If Trim(txtPassword.Text)=pass Then      '密码正确则登录
        MsgBox "密码正确!", , "登录"
    Else
        LoginWrong=LoginWrong+1
        If LoginWrong=3 Then
           MsgBox "3次输入错误密码,您无权进入系统!"
           End
        End If
        MsgBox "无效的密码, 请重试!", , "登录" '密码错误则选择全部文本以备修改
        txtPassword.SetFocus
        txtPassword.SelStart=0
        txtPassword.SelLength=Len(txtPassword.Text)
    End If
End Sub
Private Sub cmdCancel_Click()
   End
End Sub
```

9.2 鼠标事件

鼠标是用户使用计算机时最常用的交互工具，Windows 的很多操作都是通过鼠标来完成的，比如选择菜单、在工具栏中选择工具等。Visual Basic 提供了 3 种鼠标事件来响应鼠标的动作。

（1）MouseDown 事件：单击鼠标任意按键时发生，可以记录单击鼠标的位置。

（2）MouseUp 事件：释放鼠标任意按键时发生，可以记录释放鼠标的位置。

（3）MouseMove 事件：鼠标指针拖动到新位置时发生，可以记录当前鼠标所在的位置。

Visual Basic 的大多数控件都能识别上述 3 种鼠标事件。

这 3 种鼠标事件都提供了如表 9-2 所示的参数，以返回鼠标当前的状态和位置。

表 9-2 鼠标事件参数

参数	功能
Button	鼠标按键的状态。1——单击，2——右击，3——同时单击鼠标左右键（只能由 MouseMove 事件识别），4——单击鼠标中间键
Shift	描述【Shift】、【Alt】和【Ctrl】键的状态
X，Y	当前鼠标的位置

鼠标指针位于控件上方时，控件将识别鼠标事件；鼠标指针位于没有控件的窗体上方时，窗体将识别鼠标事件。在对象上方单击鼠标按键时，对象将一直响应鼠标事件，直至鼠标按键被释放，即便鼠标在此过程中从对象范围内移出。

鼠标事件与单击、双击事件不同，前者能够识别鼠标按键的状态，还能区分单击哪个鼠标按键，以及【Shift】、【Ctrl】和【Alt】键的状态，而后者只能把上述过程作为一个单一的操作。

【例 9.2】应用鼠标事件实现图片跟随效果。当程序运行时，一个表面被设置了图片和文字的命令按钮随着鼠标移动而移动，如图 9-2 所示。

（a）位置 1

（b）位置 2

图 9-2 程序运行界面

程序设计步骤如下：

（1）新建"标准 EXE"工程。

（2）建立程序用户界面。在窗体上添加一个命令按钮，具体属性设置如表9-3所示。

表 9-3 控件属性设置

对　象	属　性	属 性 值
Command1	Style	Graphical
	Picture	heart.bmp
	Caption	心随我动

（3）进入代码编辑窗口中，编写如下事件过程：

```
Private Sub Form_MouseMove(Button As Integer, Shift As Integer, X As Single, Y As Single)
    Command1.Left=X          '取得鼠标当前点坐标来设置命令按钮位置
    Command1.Top=Y
End Sub
```

【例9.3】应用鼠标事件实现矩形绘制。当按下鼠标按键并拖动时，会以虚线显示绘制矩形的轨迹，如图9-3（a）所示；当释放鼠标按键时，会以实线显示矩形边框，如图9-3（b）所示。

拖动鼠标时使用虚线显示绘制矩形的轨迹，则应在MouseMove事件发生时绘制矩形。可是由于此时需要覆盖上次鼠标移动时已绘制的矩形，因此可以通过设置窗体的DrawMode属性实现。设置其取值为vbInvert，以反色重新绘制上次已绘制的矩形，以达到覆盖目的。

松开鼠标时，以实线重新绘制该矩形。

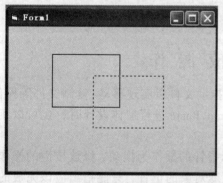　　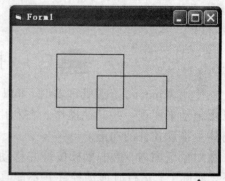

　　（a）拖动鼠标　　　　　　　　　　　（b）松开鼠标

图 9-3　程序运行界面

程序设计步骤如下：

（1）新建"标准EXE"工程。

（2）进入代码编辑窗口中，编写如下事件过程：

```
Dim xp1 As Single, yp1 As Single    '保存绘图起始点，即矩形左上角坐标
Dim xp2 As Single, yp2 As Single    '保存绘图终值点，即矩形右下角坐标
Dim drawing As Boolean
'表示工作状态。True表示绘图状态，False表示结束状态
```

```
Private Sub form_MouseDown(Button As Integer, Shift As Integer, X As
Single, Y As Single)
   '如果当前状态是绘图结束状态，则MouseDown表示要开始绘图
   If Not drawing Then
      xp1=X:  yp1=Y                '最初绘制的矩形是(X,Y),(X,Y)
      xp2=X:  yp2=Y
      drawing=True                 '开始绘图
   End If
End Sub

Private Sub form_MouseMove(Button As Integer, Shift As Integer, X As
Single, Y As Single)
   If drawing Then                 '如果正在绘图
      DrawStyle=2                  '绘图时使用虚线
      DrawMode=vbInvert             '采用反色覆盖原来的绘图
      Line(xp1,yp1)-(xp2,yp2),,B    '绘制上次MouseMove事件中已绘制的矩形,且将其覆盖
      Line (xp1,yp1)-(X,Y), ,B      '绘制一个新矩形
      xp2=X:  yp2=Y                 '保存本次绘图终点
   End If
End Sub

Private Sub form_MouseUp(Button As Integer, Shift As Integer, X As
Single, Y As Single)
   If drawing Then                 '如果正在绘图,则释放鼠标表示要结束绘图
      DrawMode=vbBlackness          '用黑色绘图
      DrawStyle=0                   '用实线重绘最后一个矩形
      Line (xp1, yp1)-(X, Y), , B
      drawing=False                 '绘图结束
   End If
End Sub
```

9.3 拖放操作

在使用Windows资源管理器时，可以直接拖动文件以实现移动、复制文件等操作，还可用拖动来实现一些其他操作。在利用Visual Basic进行窗体设计时，也可以实现在窗体上拖动控件的功能。

在对象范围内，单击鼠标按键并移动鼠标指针的操作为拖动，释放按键的操作为放下。实际上，运行时拖动控件并不能真正改变对象的位置，只能指出应该完成的某项操作，这需要编程来实现。

有关拖放的事件、属性和方法如下：

（1）DragMode属性：启动自动拖动或手动拖动。

取值为1——Automatic，自动拖动模式；取值为0——Manual，手动拖动模式。

自动拖动则总能拖动控件；手动拖动可以指定拖动控件的时间和不可拖动控件的时间。例如，可在响应鼠标、键盘或菜单命令时，进行拖动操作。

（2）DragIcon属性：拖动时显示的图标。

拖动控件时，Visual Basic将控件的灰色轮廓作为默认的拖动图标，若要改变该图标，就要设置DragIcon属性。其设置方法类似于Picture属性。

（3）DragDrop 事件：在将控件拖动到指定对象上时触发。DragDrop 事件语法格式如下：

```
Private Sub 目标对象名_DragDrop(Source As Control, X As Single, Y As Single)
    ...
End Sub
```

其中，
"目标对象"表示在其上释放鼠标的对象；Source 表示被拖动的控件，即源控件。
（4）DragOver 事件：在对象上发生拖动操作时触发。

```
Private Sub 目标对象名_DragOver(Source As Control, _
X As Single, Y As Single, State As Integer)
    ...
End Sub
```

State 参数表示鼠标状态：0——鼠标光标正进入目标对象的区域；1——鼠标光标退出目标对象的区域；2——鼠标光标位于目标对象的区域之内。
（5）Drag 方法：启动或停止手动拖动。
手动拖动需使用 Drag 方法，其语法格式如下：

```
对象.Drag Action
```

Action 方法的取值如表 9-4 所示。

表 9-4 Action 方法的取值

Visual Basic 常数	取值	含义
vbCancel	0	取消拖动操作，与 vbEndDrag 操作类似，但不引发 DragDrop 事件
vbBeginDrag	1	由 Drag 方法开始拖动操作
vbEndDrag	2	结束拖动操作，引发 DragDrop 事件

【例 9.4】应用 DragDrop 事件实现购物车。程序运行时可将商品图标拖放入购物车中，如图 9-4（a）、图 9-4（b）所示。放开鼠标时，在购物车上方显示选购商品的数量，并且隐藏已经选购的商品图标，如图 9-4（c）所示。

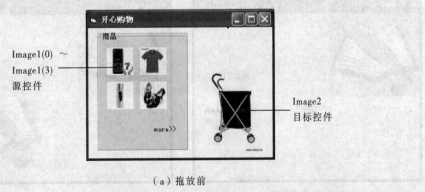

（a）拖放前

图 9-4 程序运行界面

（b）拖放时

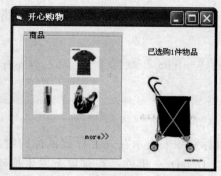
（c）拖放后

图 9-4　程序运行界面（续）

程序设计步骤如下：

（1）新建一个"标准 EXE"工程。

（2）建立程序用户界面。在窗体上添加一个框架控件，在其中添加一个名为 Image1 的控件数组，设置其 DragMode 属性为 1——Automatic，分别设置其 Picture 属性，显示商品图标；添加一个标签控件，更名为 lblCount；添加一个名为 Image2 的控件作为目标。

（3）进入代码编辑窗口中，编写如下事件过程：

```
Private Sub Image2_DragDrop(Source As Control, X As Single, Y As Single)
    Static count As Integer
    Source.Visible=False
    count=count+1
    lblCount.Caption="已选购" & count & "件物品"
End Sub
```

【例 9.5】应用拖动事件实现复制效果。当在 Image1 控件上按下鼠标按键时，开始拖动操作，当源进入目标时则停止拖动。当移动 Image1 经过 Image2 时，停止拖动，触发 Image2 的 DragDrop 事件，将 Image1 的图片赋给 Image2 的 Picture 属性。拖放前后界面如图 9-5 所示。

（a）拖放时界面

（b）拖放后界面

图 9-5　程序运行界面

程序设计步骤如下：
(1) 新建一个"标准 EXE"工程。
(2) 建立程序用户界面。在窗体上放置 2 个 Image 控件；1 个标签，修改其 Caption 属性为"拖放目标"，放置在窗体的相应位置。
(3) 进入代码编辑窗口中，编写如下事件过程：

```
Private Sub Image1_MouseDown(Button As Integer, _
Shift As Integer, X As Single, Y As Single)
   Image1.Drag vbBeginDrag
End Sub
Private Sub Image2_DragDrop(Source As Control, X As Single, Y As Single)
   Set Image2.Picture=Image1.Picture
End Sub
Private Sub Image2_DragOver(Source As Control, _
X As Single, Y As Single, State As Integer)
   Image1.Drag vbEndDrag
End Sub
```

小　　结

本章介绍了关于响应键盘和鼠标操作的事件。当单击键盘按键时会触发 KeyPress 事件和 KeyDown 事件，当释放按键时会触发 KeyUp 事件。KeyDown 事件和 KeyUp 事件可捕捉到 KeyPress 事件无法检测到的键或组合键。当单击鼠标按键时会触发 MouseDown 和 MouseUp 事件，当拖动鼠标时会触发 MouseMove 事件。

此外还可以利用 DragDorp 和 DragOver 事件和 Drag 方法完成对象拖放。拖动方式分为手动拖动和自动拖动。手动拖动可以指定拖动控件的时间和不可拖动控件的时间，而自动拖动则总能拖动控件。例如，可在响应鼠标、键盘或菜单命令时，进行拖动操作。

思考与练习题

一、思考题

1. 如何在键盘事件中检测组合键？
2. 拖动操作分为几种？分别是如何实现的？

二、选择题

1. 以下说法中正确的是（　　）。
    A. MouseUp 事件是鼠标向上移动时触发的事件
    B. MouseUp 事件过程中的 x，y 参数用于修改鼠标位置
    C. 在 MouseUp 事件过程中可以判断用户是否使用了组合键
    D. 在 MouseUp 事件过程中不能判断鼠标的位置

2. VB 中有 3 个键盘事件：KeyPress、KeyDown、KeyUp，若光标在 Text1 文本框中，则每输入一个字母（　　）。

A. 这3个事件都会触发　　　　　　B. 只触发 KeyPress 事件
C. 只触发 KeyDown、KeyUp 事件　　D. 不触发其中任何一个事件

3. 要求当鼠标在图片框 P1 中移动时，立即在图片框中显示鼠标的位置坐标。下面能正确实现上述功能的事件过程是（　　　）。

A. Private Sub P1_MouseMove（Button AS Integer,Shift As Integer,
   X As Single, Y As Single）
       Print X,Y
   End Sub

B. Private Sub P1_MouseDown（Button AS Integer,Shift As Integer,
   X As Single, Y As Single）
       Picture.Print X,Y
   End Sub

C. Private Sub P1_MouseMove（Button AS Integer,Shift As Integer,
   X As Single, Y As Single）
       P1.Print X,Y
   End Sub

D. Private Sub Form_MouseMove（Button AS Integer,Shift As Integer,
   X As Single, Y As Single）
       P1.Print X,Y
   End Sub

三、填空题

1. 设窗体上有一个名称为 Label1 的标签，程序运行时，单击后移动鼠标，鼠标的位置坐标会实时地显示在 Label1 标签中；右击则停止实时显示，并将标签中内容清除。下面的程序可实现这一功能，请填空。

```
Dim down As Boolean
Private Sub Form_MouseDown(Button As Integer, Shift As Integer, X As Single, Y As Single)
    Select Case
        Case 1
            down = True
        Case 2
            down = False
    End Select
End Sub
Private Sub Form_MouseMove(Button As Integer, Shift As Integer, X As Single, Y As Single)
    If _____ Then
        _____ = "X=" & X & "    Y=" & Y
    Else
        Label1.Caption = ""
    End If
End Sub
```

2. 当单击鼠标按键时将触发_____事件，如果单击鼠标左键，则_____参数的取值为_____。

四、编程题

1. 新建工程，在窗体上添加两个文本框，然后编写程序实现输入的加密。程序运行后，如果在第一个文本框中输入"Basic"，按键的同时在第二个文本框中显示"Cbtjd"。

2. 设计程序实现程序运行时，将显示在窗体上的两张图片利用鼠标拖动进行互换，如图 9-6（a）为拖动前的状态，拖动左侧图片到右侧放开鼠标后，实现互换，如图 9-6（b）所示。

（a）互换前　　　　　　　　　　（b）互换后

图 9-6　拖放前后界面比较

3. 新建工程，在窗体上添加一个图片框。编写程序，实现按下鼠标移动时，可以在图片框中进行绘图，放开鼠标则绘图结束，如图 9-7 所示。

图 9-7　题 3 程序运行界面

第 10 章 界面设计

Visual Basic 是一个可视化的程序设计语言,通过它可以方便地设计应用程序界面。程序界面是应用程序的一个重要组成部分,对用户而言,界面就是应用程序,它使用户感觉不到在后台运行的代码程序。应用程序的可用性和友好性,在很大程度上取决于界面的设计。

另外,Visual Basic 还提供了管理后台任务的方法,使得用户可与其他应用程序进行切换或中断后台处理。

本章介绍了菜单、工具栏、对话框等多种界面设计的技术,并辅以实例来讲解。

本章要点

- 菜单设计。
- 公用对话框控件。
- 工具栏设计。
- 多重窗体设计。
- 中断后台处理。

10.1 菜 单

菜单代表程序的各项命令,在进行界面设计时,一般要将功能类似的命令放在同一组菜单中。例如要执行新建文件、打开文件等操作都离不开菜单,菜单已经成为窗口界面不可缺少的组成部分。

菜单分为下拉式菜单和弹出式菜单。无论是下拉式菜单还是弹出式菜单,都通过菜单编辑器来进行设计,然后再编写相应的代码程序,完成菜单项的功能。

10.1.1 下拉式菜单

1. 下拉式菜单的设计

Visual Basic 6.0 通过菜单编辑器设计菜单,打开菜单编辑器有两种方法:可以在工具栏中选择 ,或者右击当前窗体,在弹出的菜单中选择"菜单编辑器"菜单项,都可弹出"菜单编辑器"对话框,如图 10-1 所示。

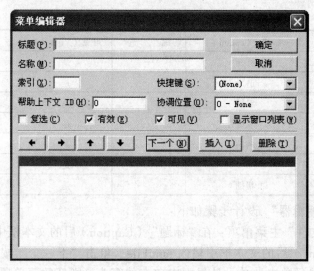

图 10-1　菜单编辑器

用户可以在菜单编辑器中设计自己的菜单。每个菜单项都相当于一个单独的控件，可以通过单击来选择菜单项。菜单项的属性如下：

下面是关于菜单编辑器窗口其他部分的功能介绍：

（1）标题 Caption：菜单项的文本。若想定义热键可在标题中使用"&"字符，运行时可按【Alt】键加带下画线的字符键来选中该菜单项，如果想添加分隔线，将标题设置为-号。

（2）名称 Name：菜单项的唯一标识，菜单名字的通常采用前缀 mnu，用以区别其他控件。

（3）索引 Index：用于创建菜单控件数组，即所有的菜单项名称都相同，用不同的 Index 属性来区分不同的菜单项。

（4）快捷键：菜单项可以采用鼠标单击方式打开，也可以使用快捷键。例如打开文件菜单项的快捷键通常是【Ctrl+O】。

下面开始设计一个简单菜单，如图 10-2 所示，所有菜单项属性如表 10-1 所示。

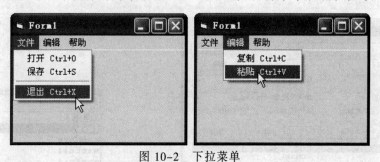

图 10-2　下拉菜单

表 10-1　菜单的属性值设置

名称（Name）	标题（Caption）	缩　　进	可见（Visible）	快　捷　键
mnuFile	文件		是	

续表

名称（Name）	标题（Caption）	缩　进	可见（Visible）	快　捷　键
mnuOpen	打开	…	是	【Ctrl+O】
mnuExit	退出	…	是	【Ctrl+X】
mnuEdit	编辑		是	
mnuCopy	复制	…	是	【Ctrl+C】
mnuStick	粘贴	…	是	【Ctrl+V】
mnuLine	-		是	
mnuHelp	帮助		是	

打开"菜单编辑器"，设计步骤如下：

（1）创建"文件"主菜单项：在"标题"（Caption）后的文本框中输入"文件"，在"名称"（Name）后的文本框中输入 mnuFile，单击"下一个"按钮，这样就建立了第一级菜单。然后单击菜单设计界面中向右的箭头，则新的菜单项向右缩进，左端出现了省略号，表示该菜单项是级联菜单。

（2）接着填写下一菜单项，"标题"（Caption）设置为"打开(&O)"，"名称"（Name）为 mnuOpen，单击"下一个"按钮。重复上述操作，直至所有"文件"菜单下的菜单项都添加完毕

（3）单击"下一个"按钮，然后单击向左的箭头，就可继续编辑与"文件"菜单同级的菜单，重复上述步骤，直至编辑完所有的菜单项。菜单编辑器设计界面如图 10-3 所示。

2．下拉式菜单的单击事件

菜单最常用的事件就是 Click 事件。每个菜单项都是一个单独的对象，单击它时会触发 Click 事件，如图 10-4 所示。例如，单击"退出"菜单项，退出程序执行，则可以针对"退出"菜单项 mnuExit 编写如下代码：

```
Private Sub mnuExit_Click()
    End
End Sub
```

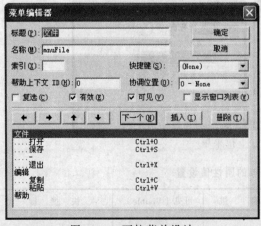

图 10-3　下拉菜单设计

图 10-4　所有菜单项都是单独对象

10.1.2 弹出式菜单

生成弹出式菜单主要分为两步：

（1）在菜单编辑器中添加菜单项，将主菜单项设置为不可见，即 Visible 属性设置为 False。例如，想设计图 10-5 所示的弹出式菜单，需要更改表 10-2 中 mnuEdit 的属性，将其设置为不可见，其他菜单项不变，菜单编辑器状态如图 10-6 所示。

（2）在某个事件过程中使用 PopupMenu 方法显示该主菜单项下的子菜单，通常是 MouseUp 事件，其语法格式如下：

```
对象.PopupMenu 弹出式菜单主菜单项名
```

表示在此对象上显示菜单，对象可以是窗体、文本框、图片框等。

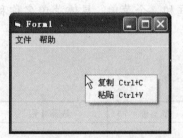

图 10-5 弹出式菜单

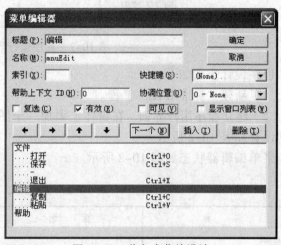

图 10-6 弹出式菜单设计

可以为上一小节创建的弹出式菜单添加显示代码：

```
Private Sub Form_MouseUp(Button As Integer, Shift As Integer, _
X As Single, Y As Single)
    If Button=2 Then                '按下鼠标右键
        Form1.PopupMenu mnuEdit     '在窗体表面弹出菜单
    End If
End Sub
```

（3）每个弹出式菜单的子菜单项都是一个单独对象，对其 Click 事件编程，菜单项就可以响应用户的单击操作了。例如，可以在如下事件过程中编程，以便响应用户对"复制"菜单项的单击操作：

```
Private Sub mnuCopy_Click()
    ...
End Sub
```

10.1.3 实例

【例 10.1】应用下拉式菜单和弹出式菜单控制在图片框中画图。程序运行界面如图 10-7 所示，包括下拉式菜单、图片框和弹出式菜单 3 部分。其中下拉式菜单包括

"工具"和"初始化"两个菜单。"工具"包括画笔与橡皮擦;"初始化"菜单用于清空图片框,设置用黑色画图。弹出式菜单用于设置绘图的颜色,分为"蓝色"和"红色"两种。

图 10-7 程序运行界面

程序设计步骤如下:

(1)新建"标准 EXE"工程。

(2)建立程序用户界面。在窗体上添加一个图片框和一个菜单,具体菜单名称和标题设置如表 10-2 所示。

菜单编辑器状态如图 10-8 所示。

表 10-2 属 性 设 置

名 称	标 题	缩 进	是否可见
mnuTool	工具		是
mnuPen	画笔	…	是
mnuEraser	橡皮擦	…	是
mnuIni	初始化		是
mnuColor	颜色		否
mnuBlue	蓝色	…	是
mnuRed	红色	…	是

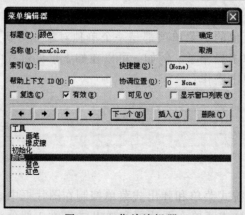

图 10-8 菜单编辑器

（3）进入代码编辑窗口中，编写如下事件过程：

```
Dim tool As String                          '表示绘图工具

Private Sub mnuIni_Click()
  Picture1.Cls
  Picture1.ForeColor=vbBlack
End Sub

Private Sub mnuEraser_Click()
 tool="橡皮擦"
End Sub

Private Sub mnuPen_Click()
 tool="画笔"
End Sub

Private Sub Picture1_MouseMove(Button As Integer, Shift As Integer, X As Single, Y As Single)
    If Button=1 Then                        '左键按下，按工具要求绘图
      Select Case tool
       Case "画笔"
         Picture1.PSet (X, Y)
       Case "橡皮擦"                         '用背景颜色绘图即可擦除原有图形
         Picture1.PSet (X, Y), Picture1.BackColor
      End Select
    End If
End Sub

Private Sub Picture1_MouseUp(Button As Integer, Shift As Integer, X As Single, Y As Single)
   If Button=2 Then PopupMenu mnuColor      '右击弹出颜色菜单
End Sub
Private Sub mnuBlue_Click()                 '选择弹出式菜单中的"蓝色"菜单项
   Picture1.ForeColor=vbBlue                '设置前景颜色为蓝色
End Sub

Private Sub mnuRed_Click()
   Picture1.ForeColor=vbRed
End Sub
```

10.2 对 话 框

Windows 应用程序中的对话框主要起到显示信息和提示用户输入运行程序所必需的数据等功能。

对话框包括两种：自定义对话框和通用对话框。

（1）"自定义对话框"是通过设置窗体属性利用窗体来实现。自定义对话框与普通窗体的区别是，它基本不包括菜单栏、工具栏、最小化和最大化按钮、状态条和窗

体滚动条。例如，在 Windows 里常见的"关于"对话框如图 10-9 所示。

图 10-9 "关于"对话框

（2）"通用对话框"是利用 CommonDialog 控件来使用 Windows 的资源，进行打开、保存文件，设置字体和颜色及设置打印机等操作。通过使用通用对话框控件，编程人员可以轻松地把 Windows 的标准对话框加入到自己的应用程序中。

10.2.1 CommonDialog 控件

使用通用对话框 CommonDialog 控件代替自定义对话框可使得应用程序更加专业化，也可减少编程人员的编程时间。

（1）控件的添加

建立新的标准 EXE 工程后，在工具栏中不会出现通用对话控件的图标，可以通过添加新控件的方法把通用对话控件添加到工具栏中。在工具箱窗口中右击，选择弹出式菜单中的"部件"菜单项，在弹出的部件对话框中选择如图 10-10 所示的选项，单击"确定"按钮。

双击控件工具箱中 CommonDialog 控件的图标，在窗体上添加该控件。它的大小不能改变，且在程序运行时不可见。

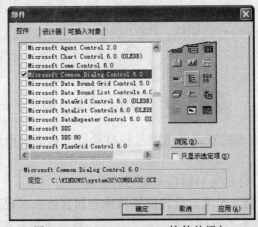

图 10-10 CommonDialog 控件的添加

（2）控件的显示

该控件运行时所显示的对话框类型由 Show 方法来决定，其他对话框的类型如表 10-3 所示。

表 10-3　Show 方法对应的对话框的类型

方　　法	显示的对话框的类型	方　　法	显示的对话框的类型
ShowOpen	"打开"对话框	ShowFont	"字体"对话框
ShowSave	"另存为"对话框	ShowPrinter	"打印机"或"打印选项"对话框
ShowColor	"颜色"对话框	ShowHelp	调用帮助文件

例如，

```
CommonDialog1.ShowColor    '显示为颜色对话框
```

1．"打开"对话框与"另存为"对话框

"打开"对话框与"另存为"对话框显示时所使用的 Show 方法不同，但是其属性都是共同的，下面以"打开"对话框为例介绍它们的属性。

"打开"对话框是在应用程序中显示的一个带有驱动器、目录和文件名的对话框，主要进行文件打开操作。只要使用 CommonDialog 控件的 ShowOpen 方法就可弹出该对话框。

下面介绍一下"打开"对话框的常用属性。

（1）DialogTitle 属性：对话框的标题，打开文件对话框标题默认为"打开"，使用者也可自行设置。

例如，图 10-11 中，DialogTitle 属性被设置为"打开文件"。

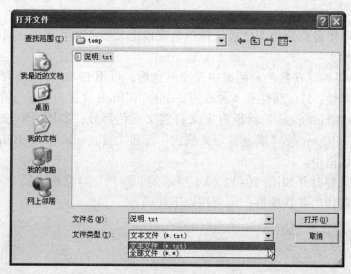

图 10-11　"打开"对话框

（2）FileName 属性：在对话框中选择打开的文件的路径名和文件名。

例如，在图 10-11 中如果选择了名为"说明.txt"的文件，则 FileName 取值为

"D:\temp\说明.txt"。

(3) Filter 属性。Filter 是指在"文件类型"的下拉列表框中显示的文件过滤器列表。设置格式为：

描述1|过滤器1|描述2|过滤器2 ...

其中，"描述"是指列表框中显示的字符串，例如，"文本文件"（*.txt）；"过滤器"是指实际的文件类型"*.txt"。描述和过滤器之间要用"|"符号来分隔。

例如，要筛选文本文件或全部文件，则进行如下设置：

```
CommonDialog1.Filter="文本文件 (*.txt)|*.txt|全部文件 (*.*)|*.*"
```

当程序运行时，用户选择"文本文件 (*.txt)"，显示结果如图 10-11 所示。

(4) FilterIndex 属性。用来指定默认的过滤器的下标，第一项下标从 1 开始。

(5) DefaultEXT 属性。设置对话框中默认文件类型，即扩展名。

(6) CancelError 属性。设置用户未选择文件，单击"取消"按钮时是否产生错误。

以下代码显示"打开"对话框并将用户选定的文件名显示在标签控件 Label1 中。

```
Private Sub Command1_Click()
    With CommonDialog1
        .CancelError=False
        .DialogTitle="打开文件"
        .Filter="文本文件 (*.txt)|*.txt|全部文件 (*.*)|*.*"
        .ShowOpen                         '属性设置好后，再显示对话框
        Label1.Caption="打开的文件名为: " & .FileName
    End With
End Sub
```

2."颜色"对话框

在应用程序中需要使用调色板选择颜色或自定义颜色时可调用"颜色"对话框，如图 10-12 所示。

(1) Color 属性。在颜色对话框中选定颜色后，可用 Color 属性获取选定的颜色。

(2) Flag 属性。Flag 属性有 4 种取值。cdlCCRGBInit 设置初始颜色值，如图 10-12 (a) 所示；cdlCCFullOpen 显示所有定义自定义颜色部分，如图 10-12 (b) 所示；cdlCCPreviousFullOpen 使"规定自定义颜色"按钮无效，cdlCCShowHelp 将"帮助"按钮显示在对话框中。

例如，如果要打开如图 10-12 (a) 所示的"颜色"对话框，用户从对话框中选择的颜色作为窗体的背景颜色，可使用以下代码：

```
Private Sub Command1_Click()
    With CommonDialog1
        .Flags = cdlCCRGBInit
        .ShowColor
        Form1.BackColor = .Color
    End With
End Sub
```

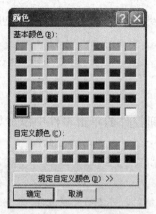 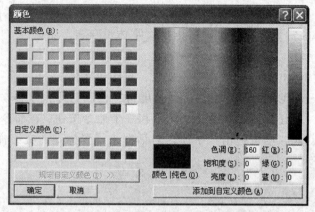

（a）cdlCCRGBInit 设置初始颜色对话框　　（b）cdlCCFullOpen 显示所有自定义颜色对话框

图 10-12 "颜色"对话框

3. "字体"对话框

使用通用对话框的 ShowFont 方法可弹出"字体"对话框，如图 10-13 所示，用户可根据大小、颜色、式样选择字体。选定字体后，编程人员可根据属性获取所选字体的信息。

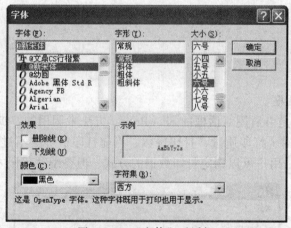

图 10-13 "字体"对话框

（1）FontName 属性：选定字体的名称。

（2）FontSize 属性：选定字体的大小。

（3）Color 属性：选定的字体颜色。要使用此属性必先将 Flags 属性设置为 cdlCFEffects。

（4）FontBold 属性：是否为"粗体"。

（5）FontItalic 属性：是否为"斜体"。

（6）FontStrikeThru 属性：是否有"删除线"。要使用此属性必先将 Flags 属性设置为 cdlCFEffects。

（7）FontUnderLine 属性：是否有"下画线"。要使用此属性必先将 Flags 属性设置为 cdlCFEffects。

（8）Flags 属性：在弹出"字体"对话框之前，需将 Flags 属性设置为以下的 Visual Basic 常量之一，否则将出现"字体不存在"错误。

cdlCFScreenFonts——&H1，屏幕字体。

cdlCFPrinterFonts——&H2，打印机字体。

cdlCFBoth——&H3，包括屏幕字体和打印机字体。

新建窗体，添加一个标签和一个命令按钮，在命令按钮控件的单击事件中添加如下代码，则可弹出"字体"对话框来设置标签的文字样式：

```
Private Sub Command1_Click()
  With CommonDialog1
    .CancelError=True                '用户单击"取消"，可进行错误处理
    On Error GoTo errhandler
    .Flags=cdlCFBoth
    .ShowFont
    Label1.FontName=.FontName        '按照用户选择的字体样式设置标签文字
    Label1.FontSize=.FontSize
    Label1.FontBold=.FontBold
    Label1.FontItalic=.FontItalic
    Label1.FontStrikethru=.FontStrikethru
    Label1.FontUnderline=.FontUnderline
    Label1.ForeColor=.Color
  End With
  ErrHanddler:
    Exit Sub
  End Sub
```

4．"打印"对话框

"打印"对话框是由通用对话框的 ShowPrinter 方法来调用的，如图 10-14 所示。它可设置打印页的范围、打印质量、打印份数、当前打印机等。不过该对话框并不将数据直接送到打印机，用户可以指定打印数据的方式，但要编写代码才能真正实现打印。

图 10-14 "打印"对话框

在对"打印"对话框中的各项进行选择后，编程人员可通过表 10-4 所列出的属性得到选择的信息。

表 10-4 "打印"对话框的属性

属 性	功 能	属 性	功 能
Copies	打印的份数	ToPage	打印的终止页
FromPage	打印的起始页	Hdc	所选打印机的设备描述标识号

打印的实现有些复杂，这里只给出了简单框架。

5."帮助"文件的显示

使用通用对话框的 ShowHelp 方法可调用 Windows 帮助引擎，显示"帮助"文件。首先，设置 HelpFile 和 HelpCommand 属性，然后调用 ShowHelp 方法显示指定的帮助文件，HelpCommand 属性表示联机帮助的类型。

例如，以下代码显示指定的帮助文件"winhlp32.hlp"：

```
Private Sub Command1_Click()
    With CommonDialog1
        .HelpFile="winhlp32.hlp"              'Windows 的帮助文件
        .HelpCommand=cdlHelpContents          '显示联机帮助的内容
        .ShowHelp
    End With
End Sub
```

10.2.2 实例

【例 10.2】 应用通用对话框实现图片显示程序。可以依次选择"文件"→"打开"命令将图片显示在图像框里，并将其路径显示在标签上，如图 10-15（a）所示；可以依次选择"编辑"→"字体"或"颜色"命令设置标签的文字样式和背景颜色，以便和图片协调，如图 10-15（b）所示。

（a）"文件"菜单　　　　　　　　　　（b）"编辑"菜单

图 10-15　程序运行界面

程序设计步骤如下：

（1）新建"标准 EXE"工程。

（2）建立程序用户界面。在窗口中添加菜单，一个通用对话框控件，一个图像框和一个标签控件。

（3）进入代码编辑窗口中，编写如下事件过程：

```
Private Sub mnuOpen_Click()                '显示打开文件对话框
    With CommonDialog1
        .DialogTitle="打开"
        .Filter="jpg图片|*.jpg"
        .ShowOpen
        Label1.Caption="文件: " & .FileName
        Image1.Picture=LoadPicture(.FileName)
    End With
End Sub

Private Sub mnuExit_Click()                '结束程序执行
    End
End Sub

Private Sub mnuFont_Click()                '显示字体对话框
    With CommonDialog1
        .Flags=cdlCFBoth
        .ShowFont
        Label1.FontName=.FontName
        Label1.FontSize=.FontSize
        Label1.FontBold=.FontBold
        Label1.FontItalic=.FontItalic
        Label1.FontStrikethru=.FontStrikethru
        Label1.FontUnderline=.FontUnderline
        Label1.ForeColor=.Color
    End With
End Sub

Private Sub mnuColor_Click()               '显示颜色对话框
    With CommonDialog1
        .Flags=cdlCCRGBInit
        .ShowColor
        Label1.BackColor=.Color            '设置标签颜色与图片协调
    End With
End Sub

Private Sub mnuHelp_Click()                '显示Windows的帮助文件
    With CommonDialog1
        .HelpFile="winhlp32.hlp"
        .HelpCommand=cdlHelpContents
        .ShowHelp
    End With
End Sub
```

10.3 工具栏

工具栏是由工具栏按钮组成的集合，在应用程序中，它提供了对最常用命令的快速访问。例如，Visual Basic 工具栏中就提供了诸如"复制""粘贴""剪切"等常用命令的按钮。

工具栏的设计涉及两个控件，一个是 ToolBar 控件，对工具栏按钮进行设计；一个是 ImageList 控件，为工具栏按钮提供一组图片。ToolBar 控件与之关联的 ImageList 控件需要与工具栏控件运行在同一窗体上。这两个控件其中的图片或按钮都类似于一个数组。

图片工具栏设计的顺序通常是先利用 ImageList 控件为工具栏准备好一系列图片，即通过 ImageList 控件的属性页添加图片、设置图片大小、设置图片索引。然后，要设置 ToolBar 控件的图像列表属性为 ImageList 控件的名称，使两者关联。

两个控件都需要在创建标准 EXE 工程后再添加，添加时选择"部件"对话框中的 Microsoft Windows Common Controls 6.0 选项就可以，工具箱中随后出现一组控件，如图 10-16 所示。

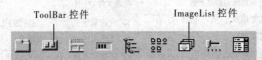

图 10-16　Microsoft Windows Common Controls 6.0 控件组

10.3.1　ImageList 控件

利用 ImageList 控件才能在工具栏上显示图片，ImageList 控件运行时不可见。

ImageList 控件可添加任意大小的图片，不过在显示时大小都相同。一般来说，以加入该控件的第一幅图像大小为标准。

可使用 ImageList 控件的属性页来设置该控件的属性。单击 ImageList 控件，弹出图 10-17 所示的"属性页"对话框。

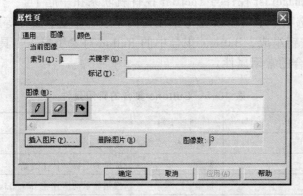

图 10-17　ImageList 控件的属性页

（1）"通用"属性页可以设置图片大小。
（2）"图像"属性页可以添加图片。

通过选择"插入图片"来添加图片，每个图片比较关键的是"索引"属性，通常使用图片的索引号将这个图片与工具栏中的按钮联系起来。例如，第一幅图片是一个向上的箭头，它的索引号是1。

10.3.2 ToolBar 控件

用户使用 ToolBar 控件可以方便地在应用程序中创建工具栏，它提供了许多属性来定制工具栏，在 ToolBar 控件上右击，选择"属性"命令，弹出图 10-18 所示的"属性页"对话框。

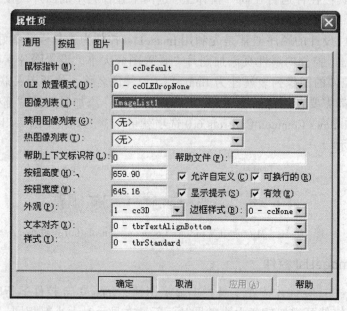

图 10-18　ToolBar 控件的"通用"属性页

（1）"通用"选项卡中设置整个工具栏的外观，如按钮大小、文本对齐方式等。其中"图像列表"右侧的下拉菜单中要选择一个为当前工具栏提供图片的 ImageList 控件名称，这样 ImageList 控件与 ToolBar 控件就联系在一起了。

（2）"按钮"选项卡中可以设置每个按钮的索引、标题、图片等属性，如图 10-19 所示。工具栏由按钮组成，Buttons 集合中的 Button 对象组成了工具栏控件。表 10-5 介绍了 Buttons 集合的常用属性。

表 10-5　Buttons 集合的常用属性

属 性 名 称	属性类型	说　　　明
标题 Caption	字符串型	按钮上的文本
索引 Index	整型	按钮的下标，从 1 开始
图像 Image	整型	按钮显示的图片在 ImageList 中的索引
关键字 Key	字符串型	按钮的唯一标识
提示文本 ToolTipText	字符串型	鼠标指针停留在按钮表面时显示的文本

第10章 界面设计

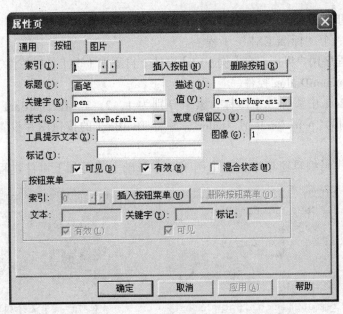

图 10-19　ToolBar 控件的"按钮"选项卡

ToolBar 控件最常用事件是 ButtonClick() 事件。当用户单击工具栏中任何按钮，都会触发该事件。事件格式如下：

```
Private Sub Toolbar1_ButtonClick(ByVal Button As MSComctlLib.Button)
...
End Sub
```

Button 参数表示当前被单击的按钮，使用 Button 对象的 Index 属性或 Key 属性识别被单击的按钮。以下是如何编写该事件的一个实例。

【例 10.3】应用工具栏控件丰富【例 10.1】的界面和功能。这个绘图程序可以通过工具栏选择绘图工具和绘图颜色，运行界面如图 10-20 所示。

图 10-20　程序运行界面

175

程序设计步骤如下：

（1）新建一个"标准 EXE"工程。

（2）建立程序用户界面。在【例 10.1】窗体上再添加 1 个工具栏控件、1 个 ImageList 控件和 1 个 CommonDialog 控件。

在 ImageList1 中添加 3 个图标，索引分别为 1，2，3。在 ToolBar1 中插入 3 个按钮，关键字分别为 "pen" "eraser" "color"；并将 ToolBar1 的按钮图片设置为 ImageList1 中的图片。

（3）进入代码编辑窗口中，在【例 10.1】基础上编写如下事件过程：

```
Private Sub Toolbar1_ButtonClick(ByVal Button As MSComctlLib.Button)
    Select Case Button.Key
    Case "pen"                              '画笔绘图
        Call mnuPen_Click
    Case "eraser"                           '橡皮擦
        Call mnuEraser_Click
    Case "color"
        CommonDialog1.ShowColor             '在对话框中选择颜色作为画笔颜色
        Picture1.ForeColor=CommonDialog1.Color
    End Select
End Sub
```

10.3.3 实例

【例 10.4】应用菜单栏、工具栏和 RichTextBox 控件设计文档编辑器。

这里使用了一种新的控件：RichTextBox 控件。它不仅允许输入和编辑文本，同时也提供了许多 TextBox 控件所没有的、更高级的功能——字体和段落格式。而且，RichTextBox 控件能以 .rtf（Rich Text File）格式打开或保存文件，可以直接读写文件，或使用 Visual Basic 的文件功能进行输入输出来打开或保存文件。它常被用做不同文字处理系统之间交流的载体。以下是关于这个控件的几点说明：

（1）添加 RichTextBox 控件：在"部件"对话框内选择"Microsoft Rich TextBox Control 6.0"。其图标为 。

（2）RichTextBox 控件通过 LoadFile 方法将文件内容显示在其中；通过 SaveFile 方法将文本框内容保存在文件中。例如：

```
'将 report.rtf 内容显示在文本框内
RichTextBox1.LoadFile "c:\report.rtf"
'将文本框内容保存在 CommonDialog1 文件对话框指定的位置
CommonDialog1.ShowSave
RichTextBox1.SaveFile CommonDialog1.FileName
```

该文档编辑器可以进行字体样式、背景颜色和文件的打开、保存等操作，并在关闭文件和保存文件时给出恰当的提示。

程序运行界面如图 10-21 所示。

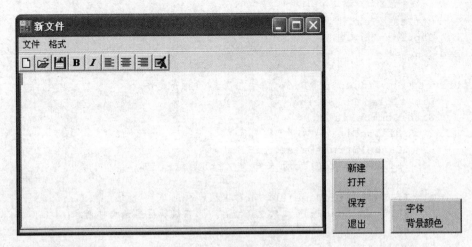

图 10-21　程序运行界面

程序设计步骤如下：

（1）新建一个"标准 EXE"工程。

（2）建立程序用户界面。在窗口上添加表 10-6 所示的控件，并参照该表设置其属性。

表 10-6　文档编辑器控件属性设置

对象名称属性		取　值	对象名称属性	取　值
菜单项名称	mnuFile		RichTextBox	RtfText
	mnuNew		通用对话框	CommonDialog1
	mnuOpen		图片列表	imlToolbarIcons
	mnuSave			
	mnuExit			
	mnuFormat			
	mnuFont			
	mnuColor			

（3）进入代码编辑窗口中，编写如下事件过程：

```
Option Explicit

Private Sub Form_Load()
    mnuNew_Click
    Form_Resize
End Sub

Private Sub Form_Resize()                '设置文字编辑区大小
  RtfText.Width=ScaleWidth
  RtfText.Height=ScaleHeight - Toolbar1.Height
End Sub

Private Sub mnuNew_Click()               '新建文件
```

```vb
        RtfText.Text=""
        Caption="新文件"
End Sub

Private Sub mnuOpen_Click()              '打开文件
    Dim sfile As String
    With CommonDialog1
        .DialogTitle="打开"
        .CancelError=False
        .Filter="Rich Text 文件 (*.rtf)|*.rtf"
        .ShowOpen
        If Len(.FileName)=0 Then Exit Sub
        RtfText.LoadFile .FileName        '在编辑区显示文件内容
        sfile=.FileName
    End With
    Caption=sfile                         '打开文件的路径和文件名显示在窗体标题栏
End Sub

Private Sub mnuSave_Click()              '保存文件
    With CommonDialog1
        .DialogTitle="保存"
        .CancelError=False
        .Filter="Rich Text 文件 (*.rtf)|*.rtf"
        .ShowSave
        If Len(.FileName)=0 Then Exit Sub
        RtfText.SaveFile .FileName        '将编辑区的文件内容保存起来
    End With
End Sub

Private Sub mnuFont_Click()              '字体及样式
    With CommonDialog1
        .Flags=cdlCFBoth
        .ShowFont
        RtfText.SelFontName=.FontName
        RtfText.SelFontSize=.FontSize
        RtfText.SelBold=.FontBold
        RtfText.SelItalic=.FontItalic
    End With
End Sub

Private Sub mnuColor_Click()             '编辑区背景颜色
    With CommonDialog1
        .ShowColor
        RtfText.BackColor=.Color
    End With
End Sub

Private Sub toolbar1_ButtonClick(ByVal Button As MSComctlLib.Button)
    Select Case Button.Key                '工具栏按钮的关键字决定其功能
        Case "new"
```

```
                mnuNew_Click
            Case "open"
                mnuOpen_Click
            Case "save"
                mnuSave_Click
            Case "bold"
                RtfText.SelBold=Not RtfText.SelBold
            Case "italic"
                RtfText.SelItalic=Not RtfText.SelItalic
            Case "left"
                RtfText.SelAlignment=rtfLeft
            Case "center"
                RtfText.SelAlignment=rtfCenter
            Case "right"
                RtfText.SelAlignment=rtfRight
            Case "font"
                mnuFont_Click
        End Select
End Sub

Private Sub Form_Unload(Cancel As Integer)          '退出程序
    mnuExit_Click
End Sub

Private Sub mnuExit_Click()                         '退出程序
    Dim result As Integer
    If Caption="新文件" And RtfText.Text="" Then
        End                                         '新文件而且没有文字则直接退出
    Else
        result=MsgBox("您已经对文件作了修改,要保存吗?", vbYesNoCancel, "提示")
        Select Case result
            Case vbYes
                mnuSave_Click                       '保存
            Case vbCancel
                Exit Sub                            '取消
            Case vbNo
                End                                 '不保存
        End Select
    End If
End Sub
```

10.4 多重窗体

在前面各章中提及的例子都是在一个窗体中完成的,而复杂一些的应用程序一般需要多个窗体才能完成,这就要使用多窗体界面和多文档界面。多窗体程序可以在一个工程中包含很多窗体,每个窗体都单独显示;多文档程序可以在一个父窗体或称容器窗体中显示几个子窗体。本节主要介绍多文档用户界面的创建。

10.4.1 多文档用户界面

多文档用户界面（MDI）允许在单个容器窗口中包含多个窗口，可同时处理多个文档，每个文档都显示在各自的窗口中，比如 Microsoft Excel，如图 10-22 所示。

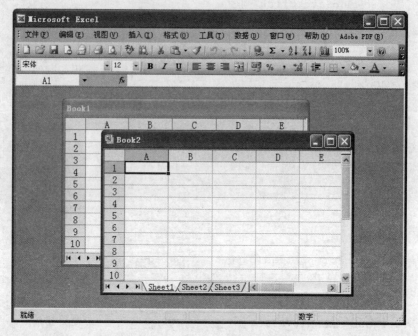

图 10-22　Excel 多文档用户界面

MDI 应用程序的子窗体包含在父窗体中，父窗体为子窗体提供工作空间，且每个子窗体都限制在父窗体范围之内。最小化父窗体时，所有子窗体也被最小化，但只有父窗体的图标显示在任务栏上；子窗体最小化时，其图标显示在父窗体的工作区内，而不是任务栏上。

1. 创建 MDI 窗体

在工具栏上单击 图标，在下拉式菜单中选择"添加 MDI 窗体"菜单项。一个应用程序中只能有一个 MDI 窗体，若已经在工程中添加了 MDI 窗体，则该命令不可用。

2. 创建 MDI 子窗体

首先创建一个普通窗体，然后将其 MDIChild 属性设置为 True，此时该窗体便成为一个 MDI 子窗体。在子窗体上可像在普通窗体上一样添加控件，并设置其属性。

在工程资源管理器中，MDI 窗体和 MDI 子窗体有确定的显示图标，如图 10-23 所示。其中 MDIForm1 是父窗体，它有两个子窗体 Form1 和 Form2。

子窗体能够移动和改变大小，但只能在父窗体

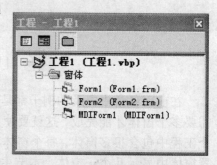

图 10-23　MDI 父窗体和子窗体

的工作空间之内。最大化一个子窗体时,它的标题将与父窗体的标题组合,显示在父窗体的标题栏上。子窗体若有菜单,则显示在父窗体的菜单栏中。

3. 指定活动子窗体

使用 MDI 窗体的 ActiveForm 属性可返回具有焦点或最后激活的子窗体,当然,使用该属性时至少有一个子窗体已被加载或可见。

当一个窗体中设置了几个控件时,也可指定活动控件。使用 ActiveControl 属性可返回子窗体上具有焦点的控件。

4. 加载 MDI 窗体和子窗体

加载父窗体时,子窗体并不会自动显示,可使用 AutoShowChildren 属性加载隐藏状态的子窗体。加载子窗体时父窗体会自动加载。

5. 用 QueryUnload 事件卸载 MDI 窗体

QueryUnload 事件在 MDI 窗体卸载之前被调用,然后每个打开的子窗体都会调用该事件。若该事件没有代码,则先卸载子窗体,然后是 MDI 窗体。它使编程人员有机会在窗体卸载之前询问用户是否要保存窗体。例如,子窗体中有一个文本框,可设置一个全局标志来记录用户是否修改了文本框的内容,然后在 QueryUnload 事件中检查此标志,若用户修改了文本框的内容,则询问用户是否保存。

10.4.2 闲置循环与 DoEvents 语句

DoEvents 语句的作用是转让系统控制权,让操作系统可以处理其他事务。它提供了一种取消任务的简便方法,将控制切换到操作系统内核,当所有应用程序都响应了处理事件后,才恢复控制。这使操作系统能够暂停处理应用程序,转去处理后台事件,而这不会使应用程序失去焦点。在循环次数较多的程序中使用 DoEvents 语句,可避免程序长期无响应。

例如,一个窗体上有两个命令按钮控件,一个标题为"开始",另一个为"取消"。单击"开始"则开始计算圆面积,半径每次递增 1,直到 100000000 停止计算。这个过程中,用户可以通过单击"取消"按钮随时停止计算。由于计算所花时间很长,如果不使用 DoEvents,则用户无法终止程序运行。

```
Private Sub Command1_Click()        '开始
    Dim r As Double
    Dim s As Double
    For r=1 To 100000000
        s=r ^ 2 * 3.1415926
    Next r
    DoEvents                        '允许其他事件发生,比如单击"取消"按钮
End Sub
Private Sub Command2_Click()        '取消
    End
End Sub
```

小　结

本章主要介绍了一些高级界面设计的知识，包括菜单、对话框和工具栏的使用。菜单包括弹出式菜单和下拉式菜单，都需要在菜单编辑器中设计。工具栏在设计时需要使用到图片列表框控件，以便向一组工具栏按钮上添加图标。工具栏按钮和图片列表框的图片都类似于数组的元素。

如果程序需要在一个主窗口中同时显示多个窗体，就会涉及多文档界面的设计。

思考与练习题

一、思考题

1. 弹出式菜单与下拉式菜单在使用时有区别吗？如何使一个下拉式菜单成为弹出式菜单？
2. 在使用通用对话框控件调用"打开"或"另存为"对话框时如何设置其 Filter 属性？
3. 如何加载、卸载 MDI 窗体？

二、选择题

1. 以下关于菜单设计的叙述中错误的是（　　）。
   A. 各菜单项可以构成控件数组
   B. 每个菜单项可以看成是一个控件
   C. 设计菜单时，菜单项的"有效"未选，即 ☐ 有效(E)，表示该菜单项不显示
   D. 菜单项只响应单击事件

2. 以下关于弹出式菜单的叙述中，错误的是（　　）。
   A. 一个窗体只能有一个弹出式菜单
   B. 弹出式菜单在菜单编辑器中建立
   C. 弹出式菜单的菜单名（主菜单项）的"可见"属性通常设置为 False
   D. 弹出式菜单通过窗体的 PopupMenu 方法显示

3. 在窗体上画一个名称为 CD1 的通用对话框，并有如下程序：

```
Private Sub Form_Load()
    CD1.DefaultExt = "doc"
    CD1.FileName = "c:\file1.txt"
    CD1.Filter = "应用程序(*.exe)|*.exe"
End Sub
```

程序运行时，如果显示了"打开"对话框，在"文件类型"下拉列表框中的默认文件类型是（　　）。

　　A. 应用程序(*.exe*)　　　B. .doc　　　C. *.txt　　　D. 不确定

4. 窗体上有一个名称为 CommonDialog1 的通用对话框，一个名称为 Command1 的命令按钮，并有如下事件过程：

```
Private Sub Command1_Click()
```

```
        CommonDialog1.DefaultExt="doc"
        CommonDialog1.FileName="VB.txt"
        CommonDialog1.Filter = "All(*.*)|*.*|Word|*.Doc|"
        CommonDialog1.FilterIndex = 1
        CommonDialog1.ShowSave
   End Sub
```

运行上述程序,如下叙述中正确的是(　　)。

    A. 打开的对话框中文件"保存类型"框中显示"All(*.*)"

    B. 实现保存文件的操作,文件名是 VB.txt

    C. DefaultExt 属性 FileName 属性所指明的文件类型不一致,程序出错

    D. 对话框的 Filter 属性没有指出 txt 类型,程序运行出错

5. 以下描述中错误的是(　　)。

    A. 在多窗体应用程序中,可以有多个当前窗体

    B. 多窗体应用程序的启动窗体可以在设计时设定

    C. 多窗体应用程序中每个窗体作为一个磁盘文件保存

    D. 多窗体应用程序可以编译生成一个 EXE 文件

三、填空题

1. 在菜单编辑器中建立一个菜单,其名称为 mnuEdit,Visible 属性为 False。程序运行后,如果右击窗体,则弹出与 mnuEdit 相应的菜单。以下是实现上述功能的程序,请填空。

```
   Private Sub Form _____ (Button As Integer,Shift As Integer,
   X As Single, Y As Single)
      If Button=2 Then
         _____ mnuEdit
      End If
   End Sub
```

2. 在菜单编辑器中建立了一个菜单,名为 pmenu,用下面的语句可以把它作为弹出式菜单弹出,请填空。

```
   Form1. _____ pmenu
```

四、编程题

1. 新建工程,添加 3 个窗体,Form1、Form2 和 Form3。在 Form1 中添加菜单:主菜单项为"显示",它有两个子菜单项 Form1 和 Form3。当用户选择"Form2"子菜单,以有模式显示 Form2;若选择 Form3 子菜单,以无模式显示 Form3 保存。

2. 在窗体上建立一个名称为 Text1 的文本框,然后建立一个弹出式菜单,标题为"计算",名称分别为 myMenu,"计算"菜单包括"输入数据""计算和""计算差"分割条"退出"5 个子菜单。要求程序运行后,在窗体上右击然后选择弹出菜单的"输入数据"弹出输入对话框,可输入两个数据,选择"计算和""计算差",则对输入的数据进行相应的计算,并将计算结果显示在文本框中。选择"退出程序"结束程序的执行。

3. 在上题窗体上添加一个工具栏 ToolBar1，在工具栏上有 3 个按钮，单击后分别完成"计算和"、"计算差"和"退出"功能。

4. 增加【例 10.1】功能，添加一个"笔触"菜单项，其中包括"细"和"粗"两个子菜单项，可根据用户的选择设置画笔的粗细，如图 10-24 所示。

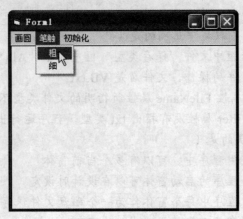

图 10-24　画板

5. 增加【例 10.3】功能，添加"初始化"菜单项对应的工具栏选项，使之被单击时，完成与菜单项相同的功能。

第 11 章
文件操作

若要将应用程序的运算结果保存到磁盘上，或获得程序运行所需要的数据，都需要使用磁盘文件。Visual Basic 提供了一些有效的处理文件的技术，包括文件读写、查找等，本章就将详细介绍文件系统和几种不同文件及其处理方法，以及 3 个文件操作相关的控件。

本章要点

- 文件基础知识。
- 顺序文件。
- 随机文件。
- 文件系统控件。

11.1 概　　述

"文件"是指记录在外部存储介质上的数据的集合。它可以永久性地存储信息，而且在程序运行时，也不能把所有数据同时都存储到内存中，这就需要有文件能随时进行读写。

1. 文件说明

"文件说明"由文件路径和文件名两部分构成，其中"文件名"由文件基本名和扩展名构成。例如：

```
D:\myFiles\myText.txt
```

2. 文件结构

Visual Basic 的文件由记录组成，记录由字段组成，字段又由字符组成。
（1）文件：文件由记录构成，一个文件含有一个以上的记录。
（2）记录：由一组相关的字段组成。
（3）字段：也称域，由若干个字符组成，用来表示一项数据。
（4）字符：是构成文件的最基本单位。
字符可以是数字、字母、特殊符号或单一字节。这里所说的"字符"一般为西文字符，一个西文字符用一个字节存放。若为汉字字符，则包括汉字和"全角"字符，通常用两个字节存放。

3．文件种类

（1）按数据性质来分：

① 程序文件：程序文件存放的是可以由计算机执行的程序，包括源文件和可执行文件。

② 数据文件：数据文件用来存放普通的数据，这类数据必须通过程序进行存取和管理。

（2）按数据的存取方式和结构来分：

① 顺序文件：顺序文件的结构最简单，文件中的记录一个接一个地存放。在这种文件中，只知道第一个记录的存放位置，其他记录的位置则无从知道。当要查找某个数据时，只能从文件头开始，一个记录一个记录地顺序读取，直至找到要查找的记录为止。

② 随机存取文件：又称直接存取文件，简称随机文件或直接文件。与顺序文件不同，在访问随机文件中的数据时，不必考虑各个记录的排列顺序域的位置，可以根据需要访问文件中的任一个记录。

（3）按数据的编码方式来分：

① ASCII 文件：又称文本文件，它以 ASCII 方式保存文件，可以用字处理软件建立和修改，如记事本程序。

② 二进制文件：以二进制方式保存的文件，不能用普通的字处理软件编辑，占用空间较小。

11.2　文件的操作

文件操作都是通过函数或语句实现的，通常包括打开文件、读/写文件、文件定位或查找以及关闭文件等，如图 11-1 所示。每种不同类型的文件的操作函数和语句也不同，如表 11-1 所示。

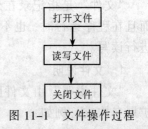

图 11-1　文件操作过程

表 11-1　各种文件常用的操作

文 件 类 型	文 件 操 作	语句或函数
所有类型	打开文件	Open 语句
	关闭文件	Close 语句
顺序文件	读文件	Input 函数、Input 语句、LineInput 语句
	写文件	Write 语句、Print 语句
随机文件	读文件	Get 语句
	写文件	Put 语句

续表

文件类型	文件操作	语句或函数
二进制文件	读文件	Get 语句
	写文件	Put 语句

11.2.1 文件的打开与关闭

1. 文件的打开

可以使用 Open 语句打开文件。要对文件执行读写操作前，必须先打开文件。Open 语句的语法格式如下：

Open 文件说明 **For** 方式 **Access** 存取类型 锁定 **As** # 文件号 **Len**=记录长度

（1）"方式"是要指定文件的输入输出方式。它的取值有以下几种：

Output：指定顺序输出方式。如果文件存在，则文件中原有的数据将被覆盖，新的数据将从文件开头写入；若文件不存在，则创建一个新文件。

Input：指定顺序输入方式。文件必须存在，否则会产生错误。

Append：指定顺序输出方式。如果文件存在，则文件中原有数据被保留，新的数据将从文件尾开始添加；若文件不存在，则创建一个新文件。

Random：指定随机存取方式。

Binary：指定二进制方式文件。

（2）"存取类型"是指以何种权限打开文件，可省略，它的值可取以下几种：

Read：打开只读文件。

Write：打开只写文件。

Read Write：打开读/写文件。

（3）"锁定"可省略，是指在打开该文件时，其他用户对该文件的读、写方式：

Lock Shared：任何机器上的任何进程都可以对该文件进行读、写操作。

Lock Read：不允许其他进程读该文件。

Lock Write：不允许其他进程写该文件。

Lock Read Write：不允许其他进程读写该文件。

若只使用 Lock，则默认为 Lock Read Write。

（4）"文件号"是一个整型表达式，其取值在 1～511 的范围之内，是文件唯一的标识。

（5）"Len=记录长度"指定当文件与程序之间复制数据时缓冲区的字符数，可省略。

例如，要向"D:\myFiles\myText.dat"中写入数据，则可以使用以下语句：

```
Open "D:\myFiles\myText.dat" For Output As #1
```

2. 文件的关闭

用户对文件的操作完成后，要关闭该文件，则将它所占用的系统资源归还给系统，释放文件的控制权。Visual Basic 提供了 Close 语句进行关闭文件的操作。其语法格式如下：

```
Close #文件号1,#文件号2…
```

例如,关闭上述打开文件,则可以使用以下语句:

```
Close #1
```

11.2.2 文件系统的其他操作语句和函数

(1) FreeFile()函数:返回一个 Integer 型值,表示一个在程序中没有使用的文件号,用该函数取得文件号可以避免文件号的冲突。

其语法格式如下:

```
FileNumber=FreeFile()
```

其中:FileNumber 为整型数,用于保存返回的文件号。

(2) LOC()函数:返回一个 Long 型值,表示由"文件号"指定的文件的当前读写位置。

其语法格式如下:

```
变量=LOC(文件号)
```

(3) LOF()函数:返回一个 Long 型值,表示给文件分配的字节数(即文件的长度)。

其语法格式如下:

```
变量=LOF(文件号)
```

(4) EOF()函数:用于测试文件的结束状态,返回一个 Boolean 型的值。当到达以 Random 或顺序 Input 模式打开的文件尾时,返回 True;对于以 Binary 访问模式打开的文件,若试图在 EOF()函数返回 True 之前用 Input()函数读取整个文件,则会产生错误;当用 Input()读取二进制文件时,应使用 LOF()和 LOC()函数代替 EOF()函数,在使用 EOF()函数时则应使用 Get()函数;对于以 Output 模式打开的文件,EOF()总是返回 True。

其语法格式如下:

```
变量=EOF(文件号)
```

(5) Lock 和 Unlock 语句:用于控制其他进程对已打开的整个文件或文件的一部分的存取格式。

其语法格式如下:

```
Lock   #文件号,记录 |开始 To 结束
Unlock #文件号,记录 |开始]To 结束
```

(6) FileAttr()函数:返回一个枚举值,表示打开文件所使用的模式。

其语法格式如下:

```
FileAttr(文件号)
```

该函数返回的枚举值指示了文件的访问模式,如表 11-2 所示。

表 11-2 FileAttr 函数的返回值

值	模　　式	值	模　　式
1	OpenMode.Input	8	OpenMode.Append
2	OpenMode.Output	32	OpenMode.Binary
4	OpenMode.Random		

（7）Kill 语句：用于从磁盘中删除文件。

其语法格式如下：

```
Kill PathName
```

其中，PathName 是一个字符型表达式，指定要删除的一个或多个文件名，它可以包括目录或文件夹，以及驱动器；Kill 支持多字符(*)和单字符(?)等通配符的使用，以同时指定对多个文件的操作。

（8）FileCopy()函数：用于复制和移动文件。

其语法格式如下：

```
FileCopy (Source, Destination)
```

其中，参数 Source 是一个字符型表达式，指定要复制的文件名，可以包括源文件的目录或文件夹以及驱动器；Destination 也是一个字符型表达式，指定目标文件名，可以包括目标文件的目录或文件夹以及驱动器。若文件已经打开，则使用 FileCopy() 函数会发生错误。

例如，可要把一个源文件复制到目标文件，代码如下：

```
Dim SFile, DFile As String
SFile="c:\test.dat"            '源文件名
DFile="e:\test.dat"            '目标文件名
FileCopy (SFile, DFile)        '复制
```

使用 FileCopy()函数进行文件移动需要分两步走，首先复制文件，然后删除源文件，具体如下：

```
Dim SFile, DFile As String
SFile="c:\test.dat"
DFile="e:\test.dat"
FileCopy (SFile, DFile)
Kill Sfile
```

（9）Name 语句：用于实现文件名的更改。

其语法格式如下：

```
Name OldPathName As NewPathName
```

其中，参数 OldPathName 是一个字符型表达式，指明已存在的文件名和路径，可以包括目录或文件夹以及驱动器；NewPathName 是一个字符型表达式，指明新的文件名和路径，可以包括目录或文件夹，以及驱动器。

该语句可重新命名文件并将其移动到一个不同的文件夹或目录中。若 OldPathName 和 NewPathName 在相同的驱动器中，则只能重新命名已存在的文件夹或目录。

（10）Shell()函数:在 Visual Basic 中运行一个可执行程序，通常是.exe 文件。
其语法格式如下：

```
Shell(应用程序完整路径和文件名)
```

例如，可利用 Shell 函数运行 Word。

```
Dim ProcID As Integer
ProcID=Shell("c:\Program Files\Microsoft Office\Office\WINWORD.exe")
```

11.3 顺序文件

顺序文件通常指普通的文本文件，任何文本编辑器都可以读写这种文件，且每次只能按顺序读写一行，每行的长度可以变化。顺序文件一般用于存储字符、数字或者其他可用 ASCII 码字符表示的数据类型，但不能存储类似于位图之类的信息，此类信息应该用二进制方式表示。另外，若文件需要经常修改，或者不是从文件头，而是从任意部位存取文件，则最好不要选用顺序文件。

11.3.1 顺序文件的操作

1. 顺序文件的打开和关闭

顺序文件的打开和关闭是用上节讲到的 Open 和 Close 语句。

例如，在当前应用程序所在目录下打开或创建一个名为 test.dat 的文本文件，分配文件号为 1，可使用如下语句：

```
Open App.Path+"\test.txt" For Output As #1
```

要从顺序文件 "c:\test.txt" 中读取数据，可使用如下语句：

```
Open "c:\test.txt" For Input As #1
```

要向顺序文件中添加数据，则打开文件语句为

```
Open App.Path+"\test.txt" For Append As #1
```

2. 顺序文件的写操作

可以用 Write # 和 Print #语句，向一个已经打开的顺序文件中写入数据。
（1）Print #的语法格式如下：

```
print #文件号,内容
```

例如，将文本框中的文本写到文件中，可以用以下语句实现：

```
Open "myfile.txt" For Output As #filenum
Input #filenum, text1.text
```

（2）Write #语句的语法格式如下：

```
Write #文件号,变量列表
```

用 Write # 语句写入的信息有利于以后用 Input #语句来读取数据，因为 Write # 语句自动将写入到文件中的信息用逗号分开，并为字符串数据加上双引号。

下面举例说明顺序文件的写入。假设有这样一个顺序文件 "c:\myfile.txt"，用 FreeFile 函数取得文件号后，利用文件号打开文件，再用 Print #语句将数据写入文件，最后关闭文件。具体如下：

```
Dim strFileName As String              '文件名
Dim nFilenum As Long                   '文件号
Dim strWrite As String                 '要写入的文本内容
strFileName="c: \myfile.txt "
nFilenum=FreeFile()                    '取得文件号
strWrite="欢迎使用顺序文件"              '准备要写入的内容

Open strFileName For Output As nFilenum '打开文件
Print # nFilenum, strWrite             '写入文本
Close nFilenum                         '关闭文件
```

3．顺序文件的读操作

读数据的操作由 Input#和 LineInput#语句实现。

（1）Input()函数和 Input#语句。

① Input()函数：可以从顺序文件中一次读取指定长度的字符串。具体地说，就是从文件的当前位置开始，读取指定个数的字符，然后将它们返回。该函数可以读取包括换行符、回车符、空格符等在内的各种字符。

其语法格式如下：

```
变量=Input（串长度，文件号）
```

例如，要从一个打开文件中读取 12 个字符并复制到变量 file 中，可以这样写：

```
file=Input（12，filenum）
```

若要将整个文件复制到变量，需使用 InputB()函数，将字节从文件复制到变量。由于 InputB()函数返回一个 ASCII 码字符串，因此，必须用 StrCopy()函数将 ASCII 码字符串转换为 Unicode 字符串。具体如下：

```
file=StrCopy（InputB（LOF（filenanum），filenum），vbUnicode）
```

② Input #语句：可从文件中同时向多个变量读入数据，而且读入的数据可以是不同类型的。

其语法格式如下：

```
Input # 文件号，变量列表
```

（2）LineInput#语句。LineInput#语句以行为单位取得文件内容，以行为单位是指从当前位置开始到下一个换行符为止。换行符由 Chr(13) & Chr(10)两个字节组成，Visual Basic 中已定义了常量 vbCrLf，可直接使用。这里需要注意的是，LineInput 读取一行时会把行尾的换行符去掉，因此在读取每行内容时要补上换行符，这样才能保持得到的内容与文件一致。

其语法格式如下：

```
LineInput #文件号，字符串变量
```

其中，"文件号"是打开文件时所用的文件号；变量号用于存放读出数据的一个或多个变量，如果有多个变量，则中间用空格分隔开。

LineInput# 语句为参数列表中的每一个变量读取文件的一个域，并将读出的域存入变量中。该语句只能顺序从第一个域开始，直到读取想要的域。

下面举例说明顺序文件的输出操作是如何实现的。

【例 11.1】假设在项目文件所在路径下有 myfile.txt 这样一个顺序文件，打开文件后，循环调用 LineInput 语句，直到将文件的所有内容读出。程序运行窗口如图 11-2 所示。

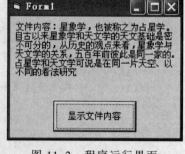

图 11-2　程序运行界面

程序设计步骤如下：

（1）新建一个"标准 EXE"工程。

（2）建立程序用户界面。新建窗体，在窗体上添加一个命令按钮，修改其 Caption 属性为"显示文件内容"。

（3）进入代码编辑窗口中，在命令按钮单击事件中编写如下事件过程：

```
Dim strFileName As String           '文件名
Dim nFilenum As Long                '文件文件号
Dim strAll As String                '所读取的文本文件的所有内容
    Dim strLine As String           '在循环中存放每行的内容
    strFileName=App.Path & "\myfile.txt"
    nFilenum=FreeFile()             '获得文件的文件号
    Open strFileName For Input As nFilenum
Do While Not EOF(nFilenum)          '循环直到文件尾
    Line Input # nFilenum, strLine  '每次读取一行存放在 strLine 变量中
'每次读取都把所读到的内容连接到 strAll 变量中
    strAll=strAll & strLine & vbCrLf
Loop
Label1.Caption=Label1.Caption & strAll   '显示得到的全部内容
```

11.3.2　实例

在前面的章节中已经介绍过用户登录密码检测的方法，现在利用文件操作的方法实现密码的修改。可把密码保存在一顺序文件 password.pwd 中，然后对其进行打开、关闭、读写等操作。首先创建 password.txt 文件，在其中输入用户密码，然后将文件的扩展名修改为.pwd。

用户登录时，先用 Open 语句打开 password.pwd 文件，用 Input #语句从该文件中读取密码。设置新密码时，要求用户输入两次密码，确认这两次输入一致后，用 Open 语句建立文件 password.pwd，用 Print #语句将用户新设置的密码存入指定的 password.pwd 文件中。

【例 11.2】应用顺序文件实现登录密码的测试和修改。此例有两个窗体，"用户登录"窗体如图 11-3（a）所示，用于检测用户密码是否正确，当用户正确输入密码时，显示登录正确的提示；否则提示用户密码错误，输错密码超过 3 次，会自动卸载窗体。单击"修改密码"打开"设置密码"窗体，如图 11-3（b）所示。"设置密码"窗体在用户更改密码时调用，它需要正确接收用户输入的密码，并将两次输入进行比较，在符合要求时把密码存入 password.pwd 文件中。

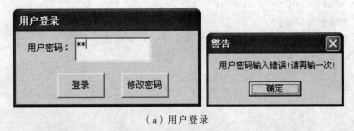

（a）用户登录

（b）设置密码

图 11-3　程序运行界面

程序设计步骤如下：

（1）新建一个"标准 EXE"工程。

（2）建立程序用户界面。新建窗体 frmLogin 用于用户登录，在窗体上添加文本框、两个命令按钮和一个标签。新建对话框窗体 dlgLogin，在窗体中添加两个文本框两个命令按钮和两个标签。其具体属性设置如表 11-3 所示。

表 11-3　登录密码测试与修改程序控件属性设置

对　　象	属　　性	属　性　值
frmLogin	ControlBox	False
	Caption	"用户登录"
lblPass	Caption	"用户密码"
txtPassword	PasswordChar	"*"
	Text	""
cmdLog	Caption	"登录"
cmdNew	Caption	"修改密码"
dlgLogin	Caption	"设置密码"
txtNew	Text	""
	PasswordChar	"*"
txtRefirm	Text	""
	PasswordChar	"*"

续表

对象	属性	属性值
cmdOk	Caption	"确定"
cmdCancel	Caption	"取消"

（3）进入代码编辑窗口中，编写 frmLogin 窗体事件过程：

```
Private Sub cmdLog_Click()
Static i As Integer
Open App.Path & "\password.pwd" For Input  #1
  Do While Not EOF(1)
    Input #1, pass
  Loop
Close #1
i=i+1
If i<3 Then
   If txtPassword.Text=pass Then
     MsgBox "用户密码正确！",,,"提示"
   Else
    MsgBox "用户密码输入错误！请再输一次！",,,"警告"
    txtPassword.SetFocus
   End If
Else
    End                                     '输错次数超过3次，退出
End If
End Sub
Private Sub cmdNew_Click()
    DlgLogin.Show                           '显示修改密码窗体
End Sub
```

编写 dlgLogin 窗体事件过程：

```
Private Sub cmdOk_Click()
   If txtNew.Text="" Then
     MsgBox "密码不能为空！请重新输入。",,,"提示"
   ElseIf txtRefirm.Text="" Then
     MsgBox "密码确认不能为空！请重新输入。",,,"提示"
   ElseIf txtNew.Text<>txtRefirm.Text Then
     MsgBox "密码确认与密码不符！请重新输入。",,,"提示"
   Else
     Open App.Path & "\password.pwd" For Output As #1
     Write #1, Trim(txtNew.Text)
     Close #1
     MsgBox "您已成功地将密码修改为 " & txtNew.Text
   End If
   End
End Sub
Private Sub cmdCancle_Click()
    End
End Sub
```

11.4 随机文件

随机文件是可以按任意次序读写的文件,其每行或者每个记录的长度是固定的。随机文件的操作与顺序文件有些不同。使用顺序文件,只需要随便指定一个变量来存储数据项的内容,不必担心数据项的字符串会过长;而使用随机文件时,因为文件中的每个记录都是等长的,所以用于保存数据的变量必须与文件中的记录类型一致。

随机文件具有以下特点:

(1)随机文件的记录是定长记录,只有给出记录号 n,才能通过$[(n:1)×记录长度]$计算出该记录与文件首记录的相对地址。因此,在用Open语句打开文件时必须指定记录的长度。

(2)每个记录划分为若干个字段,每个字段的长度等于相应变量的长度。

(3)各变量(数据项)要按一定格式置入相应的字段。

(4)打开随机文件后,既可进行读操作也可进行写操作。

11.4.1 随机文件的操作

1. 随机文件的打开和关闭

操作随机文件之前,必须首先定义用于保存数据项的记录类型,该记录是用户自定义数据类型,是随机文件中存储数据的基本结构。例如:

```
Type Student
    ID As String*5
    Name As String*20
    age As Integer
End Type
Dim St As Student          '定义一个可以存放学生材料的变量
```

在随机文件中,所有的数据都将保存到若干个结构为 Student 类型的记录中,而从随机文件中读出的数据则可以存放到变量 St 中。

现在就可以打开并读、写文件了。

打开随机文件的语法格式:

```
Open 文件说明 For Random As #文件号 Len=长度
```

其中,Len 子句用于设置记录长度,长度参数的值必须大于 0,而且要与定义的记录结构的长度一致。

计算记录长度的方法是将记录结构中每个元素的长度相加。例如,前面声明的 Student 数据类型的长度应该是$(5+20+2)B=27B$。

打开一个记录类型为 Student 的随机文件的方法如下:

```
Open "c:\Student.txt " For Random As #1 Len=27
```

关闭随机文件的语句与关闭顺序文件是一样的,都要使用 Close 语句。

2. 随机文件的写操作

向随机文件中写入数据需要使用 Put#语句。

其语法格式如下：

```
Put #文件号,记录号,变量
```

（1）"文件号"是要打开的文件号；"记录号"是要写入的记录号，若省略，则在上一次用 Get 和 Put 语句读写过的记录的后一条记录中写入，若没有执行过 Get 和 Put 语句，则从第一条记录开始。

（2）"变量"是包含要写入数据的用户自定义的变量。

随机文件的写入要遵循以下步骤：
① 定义数据类型。
② 打开随机文件。
③ 将内存中的数据写入磁盘。
④ 关闭文件。

例如，对于上述定义的 Student 数据类型，要从该学生记录的随机文件中读取数据，可进行如下操作。

```
Open "c:\Student.txt "For Random As #1 Len=Len(st)
Get #1,1,st
Close #1
```

3. 随机文件的读操作

读取随机文件可以使用 Get # 语句，数据从文件的一个指定记录中读出后，存入一个用户自定义的变量中。

其语法格式如下：

```
Get #文件号,记录号,变量
```

（1）"文件号"是要打开的文件号；"记录号"是要写入的记录号，若省略，则从下一条记录开始。

（2）"变量"是包含要输出数据的用户自定义的变量。

随机文件的输出要遵循以下步骤：
① 定义数据类型。
② 打开随机文件。
③ 从磁盘读出数据。
④ 关闭文件。

例如，数据依然还是上面的 Student 数据类型结构，下面的语句说明了如何向随机文件中写入数据：

```
Open "c:\Student.txt " For Random As #1 Len=Len(st)
st.ID=userID
st.Name=userName
st.age=userAge
Put #1,1,st
Close #1
```

11.4.2 实例

下面通过一个例子来说明如何对随机文件进行操作。

【例 11.3】应用随机文件管理学生档案,可以输入学生的学号、姓名、年龄、性别以及成绩,进行浏览或删除数据等操作。程序运行界面如图 11-4 所示。

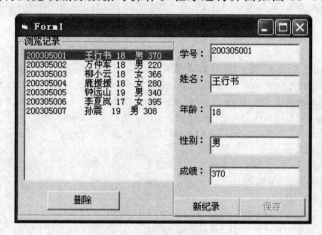

图 11-4　程序运行界面

程序设计步骤如下:
(1)新建一个"标准 EXE"工程。
(2)建立程序用户界面。在窗体上添加如表 11-4 所示的控件,并设置属性。

表 11-4　学生档案管理程序控件属性设置

对　　象	属　　性	属　性　值
Label1	Caption	"学号"
Label2	Caption	"姓名"
Label3	Caption	"年龄"
Label4	Caption	"性别"
Label5	Caption	"成绩"
txtItem(0)	Text	""
txtItem(1)	Text	""
txtItem(2)	Text	""
txtItem(3)	Text	""
txtItem(4)	Text	""
cmdNew	Caption	"新记录"
cmdSave	Caption	"保存"
cmdDel	Caption	"删除"
Frame1	Caption	"浏览记录"
List1	List	""

(3)进入代码编辑窗口中,首先在窗体的通用|声明创建用户定义类型并声明变量。

```vb
    Private Type Student
        ID As String*6
        Name As String*6
        age As Integer
        sex As String*4
        score As Integer
    End Type
Dim st As Student

Private Sub Form_Load()    '打开随机文件,并读出所有记录加载到列表框中
    Dim lastrec As Integer, sex As String, ID As String
    Dim age As Integer, score As Single, msg As String
    Open "Student.txt" For Random As #1 Len=Len(st)    '打开随机文件
    lastrec=LOF(1) / Len(st)
    List1.Clear
    For n=1 To lastrec
      Get #1, n, st
      With st
        ID=Format(.ID, "@@@@@@@@")
        Name=Format(Mid(.Name, 1, 3), "@@@@@@")
        age=Format(.age, "####")
        sex=Format(Mid(.sex, 1, 1), "@@")
        score=Format(.score, "####")
        msg=ID & " " & Name & " " & age & " " & sex & " " & score
      End With
      List1.AddItem msg
    Next
    Close #1                                            '关闭随机文件
    List1_Click
End Sub

Private Sub cmdNew_Click()    '新纪录
  For i=0 To 4
    txtItem(i).Text=""
  Next i
    txtItem(0).SetFocus
    cmdSave.Enabled=True
End Sub

Private Sub cmdSave_Click()    '保存
'获得用户在文本框中输入的内容,然后利用 Put 语句将新记录写入随机文件中,最后刷
新列表框内容。
    Dim lastrec As Integer
    With st
      .ID=txtItem(0).Text
      .Name=txtItem(1).Text
      .age=Val(txtItem(2).Text)
      .sex=txtItem(3).Text
      .score=Val(txtItem(4).Text)
    End With
```

```
    Open App.Path & "\Student.txt" For Random As #1 Len=Len(st)
'打开随机数据文件
    lastrec=LOF(1)/Len(st)
    Put #1, lastrec+1, st
    Close #1
    Call Form_Load
    txtItem(0).SetFocus
    cmdSave.Enabled=False
End Sub

Private Sub cmdDel_Click()     '删除
'该过程首先确定要删除记录在文件中的位置,然后创建一个临时文件 rec.tmp,把除了
要删除记录之外的所有源文件中的记录转移到临时文件中,然后删除源文件,最后把临时
文件的名字改为源文件,再将处理后的文件显示出来
    Dim lastrec As Integer
    recnum=List1.ListIndex+1
    Open App.Path & "\rec.tmp" For Random As #1 Len=Len(st)
'打开临时随机文件
    Open App.Path & "\Student.txt" For Random As #2 Len=Len(st)
'打开随机数据文件
    lastrec=LOF(2) / Len(st)
    For n=1 To lastrec
       If n <> recnum Then
          Get #2, n, st
          Put #1, , st
       Else
          Get #2, n, st
          With st
             txtItem(0).Text=.ID
             txtItem(1).Text=.Name
             txtItem(2).Text=.age
             txtItem(3).Text=.sex
             txtItem(4).Text=.score
          End With
       End If
    Next
    Close #1
    Close #2
    Kill App.Path & "\Student.txt"
    Name App.Path & "\rec.tmp" As App.Path & "\Student.txt"
    Call Form_Load
    txtItem(0).SetFocus
End Sub

Private Sub List1_Click()
'当用户单击列表框 List1 时,若选择了列表框的某个项目,则"删除"按钮可用,并且
该项目会在文本框中列出来
         If List1.ListIndex>-1 Then
            Command3.Enabled=True
            Open App.Path & "\Student.txt" For Random As #2 Len=Len(st)
```

```
            Get #2, List1.ListIndex+1, st
            Close #2
            With st
              txtItem(0).Text=.ID
              txtItem(1).Text=.Name
              txtItem(2).Text=.age
              txtItem(3).Text=.sex
              txtItem(4).Text=.score
            End With
        Else
            cmdDel.Enabled=False
        End If
End Sub
```

11.5 文件系统控件

在应用程序中，对文件的处理是一个比较常用的操作，如打开、保存文件等。VisualBasic 提供了 3 个控件对磁盘文件夹与文件进行显示与操作，即驱动器列表框控件 DriveListBox、目录列表框控件 DirListBox 和文件列表框控件 FileListBox。

11.5.1 DriveListBox 控件

驱动器列表框 DriveListBox 控件是一个下拉式列表框，如图 11-5 所示。它和一般下拉列表框的不同之处仅在于功能上，它提供了一个驱动器的列表。当单击右边的下三角按钮时，显示计算机或网络上所有驱动器的下拉列表。在默认状态下，在驱动器列表中显示的是当前驱动器，可以输入或从下拉列表中选择有效的驱动器。

图 11-5　驱动器列表框

表 11-5 表示的是驱动器列表框的主要属性、事件和方法。

表 11-5　驱动器列表框的主要属性、事件和方法

属性	Drive	返回或设置运行时选择的驱动器，默认值为当前驱动器。改变 Drive 属性会触发 Change 事件
事件	Change	当选择一个新驱动器或通过代码改变了 Drive 属性时触发该事件

可以通过语法设置运行时显示的驱动器名称，这需要用到 Drive 属性。
其语法格式如下：

驱动器列表框名称.Drive=驱动器名

Drive 属性的有效驱动器包括运行时控件创建的和刷新时系统已有的，或连接到系统上的所有驱动器。

设置 Drive 属性时要注意以下几点：
（1）字符串不区分大小写。
（2）改变 Drive 属性的设置会触发 Change 事件。
（3）选择不存在的驱动器会产生错误。
例如，要在窗体启动时把当前磁盘改为 D 盘，可使用如下代码：

```
Private Sub Form_Load()
Drive1.Drive="d:"
End Sub
```

11.5.2 DirListBox 控件

目录列表框 DirListBox 控件从最高层目录开始显示当前驱动器的目录结构，并按层次关系缩进根目录下的所有子目录。当前目录的子目录都用关闭的文件夹表示，而它的上级目录则用打开的文件夹表示，如图 11-6 所示。

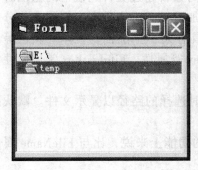

图 11-6　目录列表框

目录列表框的主要属性、方法和事件如表 11-6 所示。

表 11-6　目录列表框的主要属性、方法和事件

属性	Path	运行时选择的路径。默认路径为当前路径。改变该属性值会触发 Change 事件
	ListIndex	当前被选择的项目索引号。目录列表框中的每一个目录都可以通过 ListIndex 属性来标识。由 Path 属性所设置的当前目录的 ListIndex 属性值总是 -1，而它上面目录的 ListIndex 属性值为 -2，再上面的为 -3，依此类推；其包含的子目录则恰恰相反，挨着的第一个子目录的 ListIndex 属性值为 0，往下依次加 1
	ListCount	当前目录下的所有子目录数目。ListCount 的值比最大的 ListIndex 大 1
事件	Change	当选择一个新目录或改变 Path 属性时触发该事件

目录列表框控件可以显示与设置文件夹的路径，当用户在窗口中创建 DirListBox 控件时，双击其中的文件夹，无须编程就能自动显示下一级文件夹。

Path 属性只能在程序运行时使用。

其语法格式如下：

目录列表框名称.Path=文件路径

例如，要在窗体启动时把默认显示的文件夹改为"d:\MyDocu"，可以使用如下代码

```
Private Sub Form_Load()
  Dir1.Path=" d:\MyDocu "
End Sub
```

通过对目录列表框的 Change 事件编程，可获取当前目录的值，即

```
Private Sub Dir1_Change()
```

```
    Dim pathname As String
    pathname=Dir1.Path
End Sub
```

11.5.3　FileListBox 控件

文件列表框 FileListBox 控件用来显示当前目录中的部分或全部文件，如图 11-7 所示。

当 FileListBox 中文件的数目超过文件列表框的范围时，Visual Basic 会自动为其添加滚动条。文件列表框的大部分属性和一般列表框相同，都具有大小、位置、字体、颜色等以及 List、ListCount、ListIndex 等属性。FileListBox 常用属性和事件如下：

图 11-7　文件列表框

（1）Path 属性：运行时选择的路径以显示文件。默认路径为当前路径。

Path 属性从显示路径的功能上来说，比与 FileName 属性更简便一些。

其语法格式如下：

文件列表框名称.**FileName**=路径

例如，要在窗体启动时将"e:\me"目录下所有的.zip 文件列出来，可以使用如下代码：

```
Private Sub Form_Load()
    File1.FileName="e: \me \*.zip"
End Sub
```

（2）Pattern 属性：确定程序运行时列表框中显示哪些类型的文件。除了使用"*""?"等通配符外，还可以在参数中使用分号";"来分割多种文件类型。

（3）FileName 属性：所选文件的路径和文件名。可以从属性值中返回当前列表中选择的文件名，路径可用 Path 属性检索，在功能上与 ListIndex 等价。若没有文件被选中，将返回长度为 0 的字符串。

（4）Click 事件：当选择一个新的文件时触发该事件

11.5.4　组合文件系统控件

上面介绍了 3 种文件系统控件，在程序中，它们是互不关联的，并不是只要在窗体中创建了它们，然后对某个控件（如驱动器列表框）进行操作，其他控件就会自动显示相应磁盘下的文件，这还需要使用程序来实现。

【例 11.4】组合文件系统控件。当驱动器列表框发生改变时，目录列表框也随之变化，然后再把目录列表框的变化通知文件列表框，最后将用户在文件列表框中选中的文件路径显示到窗体标题上。程序运行界面如图 11-8 所示。

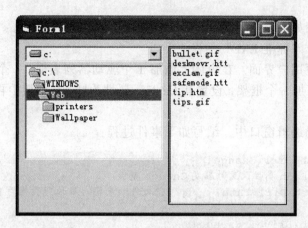

图 11-8　程序运行界面

程序设计步骤如下：
（1）新建一个"标准 EXE"工程。
（2）建立程序用户界面。在窗体上添加一个驱动器列表框、一个目录列表框和一个文件列表框。
（3）进入代码编辑窗口中，编写如下事件过程：

```
Private Sub Drive1_Change()
  Dir1.Path=Drive1.Drive
End Sub

Private Sub Dir1_Change()
  File1.Path=Dir1.Path
End Sub

Private Sub File1_Click()
  Form1.Caption=Dir1.Path & " \ " & File1.FileName
End Sub
```

11.5.5　实例

【例 11.5】编写一个图片浏览器。利用 3 个文件系统控件的组合编写一个能够选择不同路径下的图片文件，并显示图片的程序。程序运行界面如图 11-9 所示。

图 11-9　程序运行界面

程序设计步骤如下：

（1）新建一个"标准 EXE"工程。

（2）建立程序用户界面。在窗体上添加 1 个驱动器列表框、1 个目录列表框和 1 个文件列表框；添加一个框架，设置其 Caption 属性为""，在框架中再添加一个 Image 控件。

（3）进入代码编辑窗口中，编写如下事件过程：

```
Private Sub Dir1_Change()
'目录列表框 Path 属性改变时触发 Change 事件
    File1.Path=Dir1.Path        '使文件列表框与目录列表框的 Path 属性同步
End Sub
Private Sub Drive1_Change()
    On Error Resume Next
    Dir1.Path=Drive1.Drive      '将驱动器盘符赋予目录列表框 Path 属性
    If Err.Number>0 Then        '若有错误发生(如软驱中无磁盘)
        MsgBox "设备未准备好！",vbCritical
    End If
End Sub
Private Sub File1_Click()       '在文件列表框中选择文件
    Dim fName As String
    If Right(File1.Path, 1)="\" Then
        fName=File1.Path & File1.FileName
    Else
        fName=File1.Path & "\" & File1.FileName
    End If
    Image1.Picture=LoadPicture(fName)   '加载图片文件
End Sub

Private Sub Form_Load()
    '设置文件过滤
    File1.Pattern="*.jpg;*.jpeg;*.bmp;*.gif "
    Image1.Stretch=True
End Sub
```

小　　结

本章主要介绍了两种不同类型的基本操作，即顺序文件和随机文件。顺序文件中的记录一个接着一个地存放，结构简单，适合批量处理数据，但对数据的查找比较困难；随机文件的存取与顺序文件不同，可以根据需要直接访问文件中的任一个记录。

文件操作是通过相应的语句或函数完成的，文件操作通常包括打开文件、读写文件和关闭文件。

思考与练习题

一、思考题

1. 顺序文件和随机文件有什么区别？

2. 随机文件的读/写操作是如何进行的？

3. 如何将文件系统控件组合起来使用？

二、选择题

1. 以下关于顺序文件的叙述中，正确的是（　　）。
   A. 可以用不同的文件号以不同的读/写方式同时打开同一个文件
   B. 文件中各记录的写入顺序与读出顺序是一致的
   C. 可以用 Input#或 Line Input#语句向文件写记录
   D. 如果用 Append 方式打开文件，则既可以在文件末尾添加记录，也可以读取原有记录

2. 使用驱动器列表框 Drive1、目录列表框 Dir1、文件列表框 File1 时，需要设置控件同步，以下能够正确设置两个控件同步的命令是（　　）。
   A. Dir1.Path = Drive1.Path   B. File1.Path = Dir1.Path
   C. File1.Path = Drive1.Path   D. Drive1.Drive = Dir1.Path

3. 下列可以打开随机文件的语句是（　　）。
   A. Open "file1.dat" For Input As # 1
   B. Open "file1.dat" For Append As # 1
   C. Open "file1.dat" For Output As # 1
   D. Open "file1.dat" For Random As # 1 Len=20

4. 假定使用下面的语句打开文件：

```
Open"File1.txt"ForInput AS #1
```

则不能正确读文件的语句是（　　）。
   A. Input #1,ch$ B. Line Input #1,ch$
   C. ch$=Input$(5,#1)   D. Read #1,ch$

5. 为了从当前文件夹中读入文件 File1.txt，某人编写了下面的程序：

```
Private Sub Command1_Click()
    Open "File1.txt" For Output As #20
    Do While Not EOF(20)
        Line Input #20, ch$
        Print ch
    Loop
End Sub
```

程序调试时，发现有错误，下面的修改方案中正确的是（　　）。
   A. 在 Open 语句中的文件名前添加路径
   B. 把程序中各处的"20"改为"1"
   C. 把 Print ch 语句改为 Print #20,ch
   D. 把 Open 语句中的 Output 改为 Input

6. 某人编写了下面的程序，希望能把 Text1 文本框中的内容写到 out.txt 文件中

```
Private Sub Comand1_Click()
    Open "out.txt" For Output As #2
    Print "Text1"
```

```
        Close #2
    End Sub
```

调试时发现没有达到目的，为实现上述目的，应做的修改是（　　　）。
  A．把 Print "Text1"改为 Print #2,Text1
  B．把 Print "Text1"改为 Print Text1
  C．把 Print "Text1"改为 Write "Text1"
  D．把所有#2 改为#1

三、填空题

1．下面的事件过程执行时，可以把 Text1 文本框中的内容写到文件 file1.txt 中去。请填空。

```
    Private Sub Command1_Click()
        Open "file1.txt" For _____ As #1
        Print _____, Text1.Text
        Close #1
    End Sub
```

2．在窗体上画一个文本框，其名称为 Text1，在属性窗口中把该文本框的 MultiLine 属性设置为 True，然后编写如下的事件过程：

```
    Private Sub Form_Click()
        Open "d:\test\smtext1.Txt" For Input As #1
        Do While Not_____
            Line Input #1, aspect$
            Whole$=whole$+aspect$+Chr$(13)+Chr$(10)
        Loop
        Text1.Text=whole$
        _____
        Open "d:\test\smtext2.Txt" For Output As #1
        Print #1, _____
        Close #1
    End Sub
```

运行程序，单击窗体，将把磁盘文件 smtext1.txt 的内容读到内存并在文本框中显示出来，然后把该文本框中的内容存入磁盘文件 smtext2.txt。请填空。

四、编程题

1．新建工程，在窗体上添加两个文本框、一个标签和一个命令按钮，如图 11-10(a) 所示。程序运行后，单击"="命令按钮，通过在左侧文本框中输入整数，然后计算其阶乘，在右侧文本框中显示结果，并把结果存入 out.txt 文件中，如图 11-10(b) 所示。

（a）窗体

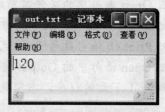
（b）out.txt 文件

图 11-10　计算阶乘

2. 新建工程，要求程序运行界面如图 11-11（a）所示，求得输入整数的所有因子后，显示在文本框里，并写入 D 盘根目录的 fact.txt 文件中，如图 11-11（b）所示。

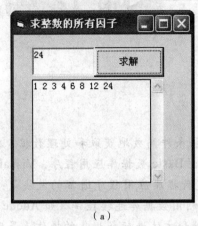

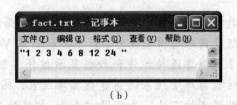

（a）　　　　　　　　　　　　（b）

图 11-11　数据计算

3. 定义一个类型，保存病人的病历号、电话和症状等信息。新建工程，在窗体上添加文本框和标签，使用户可以输入病人的基本信息，并将信息保存在文件中。

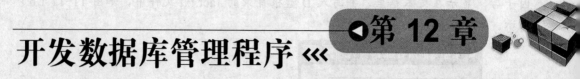

第 12 章 开发数据库管理程序

数据库可以科学地组织和存储数据，并根据条件高效地获取和处理数据。本章主要介绍数据库的相关概念，以及怎样创建 Visual Basic 数据库应用程序。Visual Basic 提供了数据库连接控件和数据显示控件，创建数据库应用程序通常的做法是：利用 Access 数据库管理系统创建数据库及表，然后利用数据库连接控件（如 Adodc 控件）完成数据库的连接，并利用 Adodc 控件的属性和方法进行数据集的操作，最后利用数据显示控件显示数据集或其单个记录、字段取值。

本章要点

- 数据库基础知识。
- Access 数据库管理系统。
- 数据库控件。

12.1 数据库基础知识

数据组织有多种数据模型，即数据的组织方式。目前，主要的数据模型是关系数据模型，它以二维表格（即关系）的形式组织数据，简单直观。数据库是存储数据的仓库，以关系模型为基础的数据库就是关系数据库。Access 数据库是常用的小型关系数据库管理系统。由于 Visual Basic 本身使用的数据库是 Access 数据库，所以 Access 数据库可以在 Visual Basic 中直接创建，数据库文件的扩展名为.mdb。本章将以 Access 数据库为例讨论关系数据库的基本概念，其余的概念可参考数据库方面的教程。

12.1.1 数据库的基本概念

数据库的结构涉及如下几个基本概念。

1．表

数据库由若干个表组成。表用于存储数据，它是由行列方式组织的二维表格。例如，库存表如表 12-1 所示。

表 12-1　库　存　表

货物编号	货物名称	库存量	单　位
1	轴承	1000	个
2	电动机	300	台
3	废铜	500	公斤
4	钢筋	20	吨

2．字段

表中的每一列称为一个"字段"，每个字段有一个字段名称，每个字段内的数据类型都相同。

例如，在库存表中，包含 4 个字段，字段类型分别为："货物编号"和"库存量"的字段类型是"数值型"，"货物名称"和"单位"字段类型是"文本型"。

3．记录

表中的每一行称为一个"记录"。任意两个记录不能完全相同。

4．主索引

"主索引"或称"主键"就是表中的一个字段或多个字段的组合，用来唯一标识每条记录。

例如，在库存表中，"货物编号"可以作为表的主索引，该字段上取值不同的两个记录被看作不同的记录，任何记录都不能在主索引上取相同的值，且主索引字段取值不能为空。

12.1.2　SQL 语言

数据被保存到数据库中以后，用户可以通过数据库管理系统操作其中的数据。数据库的操作包括查询数据、插入记录、删除记录和修改记录。关系数据库管理系统都支持一种对数据进行结构化查询的语言，即 SQL（Structured Query Language）语言，利用该语言可以方便快捷地对数据进行操作。

1．查询数据

可以使用 Select 语句根据查询条件，从指定的表中选取满足条件的记录，且只显示指定的字段，其基本的语法格式如下：

```
Select   字段名1,字段名2,…
From     表名
Where    条件
```

（1）选择所有字段则用"*"表示，例如，下面的语句用于显示库存表中的全部数据：

```
Select * From 库存
```

（2）"条件"可以是一个关系表达式，例如，查询"货物名称"字段取值为"电动机"的记录可用如下语句表示：

```
Select * From 库存 Where 货物名称='电动机'
```

查询"电动机"的库存量和单位的语句如下：

```
Select 库存量,单位 From 库存 Where 货物名称='电动机'
```

如果字段类型是数值型，则关系表达式中该数值不必加引号，例如：

```
Select * From 库存 Where 库存量=1000
```

2．插入记录

可以使用 Insert Into 语句把新的记录插入一个存在的表中，其语法格式为

```
Insert Into 表名 (字段名1，字段名2 …) Values ( 值 )
```

例如，下面的语句用于插入新的记录：

```
Insert Into 库存(货物编号,货物名称) Values (6, '车床')
```

则新记录的"货物编号"和"货物名称"字段取值分别为 6 和"车床"。

3．删除记录

可以使用 Delete 语句根据指定的条件删除表中的一行或多行记录，其语法格式为

```
Delete
From 表名
Where 条件
```

例如，下面的语句用于删除关于"电动机"的记录：

```
Delete From 库存 Where 货物名称='电动机'
```

4．修改记录

可以使用 Update 语句对表中指定记录和字段的数据进行修改，其语法格式为

```
Update 表名
Set 字段名1 = 值 ，字段名2 = 值…
Where 条件
```

例如，下面的语句用于将"电动机"库存量减少至 200：

```
Update 库存 Set 库存量=200 Where 货物名称='电动机'
```

12.2 Access 数据库管理系统

Access 数据库管理系统是小型的关系数据库管理系统，是 Office 办公套件中一个极为重要的组成部分。Access 适用于小型商务活动，用以存储和管理商务活动所需要的数据，它具有强大的数据管理功能，可以方便地利用各种数据源，生成表单、查询、报表和应用程序等。本节将主要介绍利用 Access 数据库管理系统建立数据库和表，主要分为以下几个步骤：创建数据库、创建表结构、添加记录。

1．创建数据库

（1）进入 Access 数据库管理系统，选择"文件"→"新建"→"空数据库"命令。

（2）单击"确定"按钮后，弹出"文件新建数据库"对话框，在其中选择保存数据库文件的路径，然后输入数据库名称 stock，单击"创建"按钮。

2．创建表结构

（1）如果要在图 12-1 所示的 stock 数据库窗口中创建表，则在"对象"中单击"表"，然后选择"使用设计器创建表"。

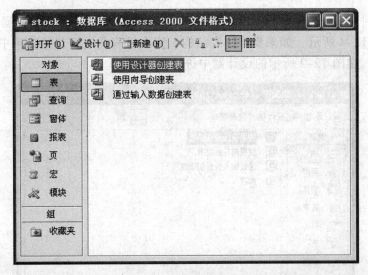

图 12-1　stock 数据库窗口

（2）在表设计器中输入字段名称和字段类型，如图 12-2 所示。

图 12-2　表设计器

（3）右击"货物编号"所在的行，选择"主键"命令，表示将该字段作为主键。主键字段名称左端会出现图标 。

如果要将多个字段设置为主键，则按下【Shift】或【Ctrl】键，依次单击字段所在的行，可选择多个相邻或不相邻字段，然后右击，在弹出式菜单中选择"主键"命令。

（4）单击关闭按钮，系统会自动询问是否保存所设计的表，选择"是"则弹出图 12-3 所示的对话框。在其中输入表的名称"库存"，单击"确定"按钮。

211

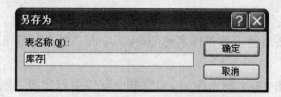

图 12-3 保存为库存表

（5）此时 stock 数据库窗口中将显示库存表的图标，表示已在数据库中创建了该表，如图 12-4 所示。如果要修改表结构，则在该表的右键快捷菜单中选择"设计视图"命令，在图 12-2 所示的设计器中进行修改即可。

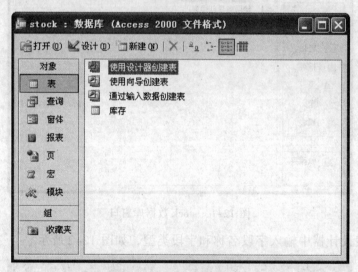

图 12-4 已创建库存表

3．添加记录

双击库存表的图标，打开库存表，输入图 12-5 所示的记录，单击关闭按钮即可。

图 12-5 添加记录

12.3 数据库控件

如果要通过 Visual Basic 操作数据库，主要涉及两类数据库控件，其功能如下：

（1）数据库访问控件：用于建立数据库连接，提供对数据的访问。Visual Basic 有 3 种控制连接和访问数据库的对象：DAO（数据访问对象）、RDO（远程数据访问对象)和 ADO(ActiveX 数据对象)。ADO 对象是 Microsoft 公司强大的数据访问对象,可以访问各种数据源,例如 Access/Jet、ODBC、Oracle、SQL Server 等。

Adodc 控件是集成了 ADO 对象基本功能的常用数据库访问控件。

(2)数据显示控件:用于显示数据库访问控件所对应的数据表的内容。常用的数据显示控件有文本框、列表框、组合框控件和 DataGrid 控件。其中,DataGrid 控件用于显示整个数据表或其中一部分。

12.3.1　Adodc 控件的基本属性

如果建立的是"标准 EXE"工程,则应添加 Adodc 控件。依次选择"工程"→"部件"命令,在出现的"部件"对话框中选择 Microsoft ADO Data Control 6.0(OLEDB)。该控件在窗体上的外观为 。这 4 个箭头分别用来跳到数据集的第一条记录、上一条记录、下一条记录和最后一条记录。Adodc 控件的基本属性如下:

1. ConnectionString 属性

ConnectionString 属性用来建立数据库连接,该连接存放在一个字符串内。

例如,将 Adodc 控件连接到 stock 数据库,设置 ConnectionString 属性的步骤如下:

(1)选择 Adodc 控件的 ConnectionString 属性,弹出图 12-6 所示的"属性页"对话框。

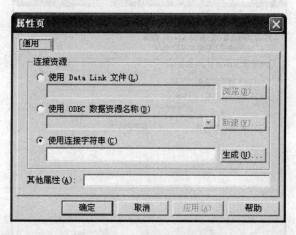

图 12-6　"属性页"对话框

(2)选择"使用连接字符串"单选按钮,单击"生成"按钮,然后在图 12-7 所示的"数据链接属性"对话框中创建一个连接。

(3)在"提供程序"选项卡中选择 Microsoft Jet 4.0 OLE DB Provider 选项,表示要连接一个 Access 数据库。

(4)在"连接"选项卡中选择已建立的 stock 数据库,如图 12-8 所示。单击"测试连接"按钮,如果数据库连接成功,则会给出一个提示。单击"确定"按钮,生成连接字符串。

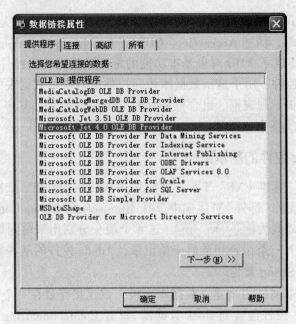

图 12-7 "数据链接属性"对话框的"提供程序"选项卡

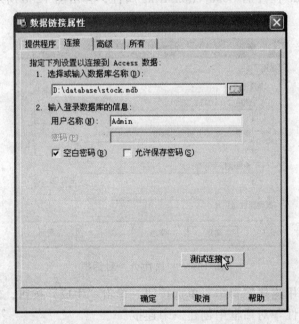

图 12-8 "数据链接属性"对话框的"连接"选项卡

2．RecordSource 属性

RecordSource 属性用来确定 Adodc 控件访问的记录集。该属性值可以是数据库中的表名，也可以是一个 SQL 查询。

例如，将 Adodc 控件连接到 stock 数据库的库存表，则设置 ConnectionString 属性的步骤如下：

（1）选择 Adodc 控件的 RecordSource 属性，弹出图 12-9 所示的对话框。

图 12-9　RecordSource 属性

（2）"命令类型"可以选择 2-adCmdTable，再选择"库存"，完成表的连接；"命令类型"也可以选择"1-adCmdText"，再输入 SQL 语句"select 货物名称，库存量，单位 From 库存"以连接到库存表的一部分记录集。

可以在程序运行时设置 RecordSource 属性，例如：

```
Adodc1.RecordSource="select * from 库存"
```

可以使用下面语句将 Adodc1 连接到"货物名称"是 txtName 文本框的内容的记录集：

```
Adodc1.RecordSource="select * from 库存 where 货物名称='" & txtName.Text & "'"
```

可以使用下面语句将 Adodc1 连接到"库存量"是 txtName 文本框的内容的记录集：

```
Adodc1.RecordSource="select * from 库存 where 库存量=" & txtName.Text
```

注意：对比当字段为文本类型和数值类型时，查询语句书写方式的不同。

此处选择的"命令类型"相当于设置了 Adodc 控件的 CommandType 属性。

12.3.2　TextBox 控件的基本属性

这部分将介绍文本框控件关于显示数据的属性。

（1）DataSource 属性：用于绑定到某个 Adodc 控件上，显示 Adodc 控件指定的记录集。该属性的取值是一个 Adodc 控件的名字。

（2）DataField 属性：用于设置显示哪个字段的取值。在设置完 DataSource 属性后，DataField 属性的下拉列表框中就会列出 Adodc 控件指定的记录集的所有字段名，选择一个字段名，程序运行时其取值就会显示在该文本框中。

【例 12.1】使用 Adodc 控件连接 stock.mdb 数据库中的库存表，将表中"货物名称"和"库存量"的取值分别显示在文本框中。运行结果如图 12-10 所示。

程序设计步骤如下：

（1）新建一个"标准 EXE"工程。

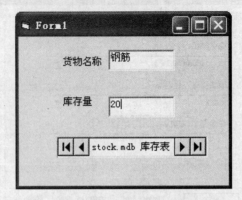

图 12-10　程序运行界面

（2）在 Form1 窗体上依次添加两个标签控件、两个文本框控件和一个 Adodc 控件。
（3）将 Adodc1 控件连接到 stock.mdb 数据库中的库存表。
（4）在属性窗口中，设置对象其他属性，如表 12-2 所示。

表 12-2　属 性 设 置

控件	属性名	属性值
Adodc1	Caption	"stock.mdb 库存表"
Label1	Caption	"货物名称"
Label2	Caption	"库存量"
Text1	DataSource	Adodc1
	DataField	"货物名称"
	Text	""
Text2	DataSource	Adodc1
	DataField	"库存量"
	Text	""

（5）运行结果如图 12-10 所示，如果单击 Adodc 控件的 4 个箭头按钮，则文本框中会显示当前记录的字段取值。

12.3.3　DataGrid 控件的基本属性

DataGrid 控件可以按照表格形式显示记录集。

如果建立的是"标准 EXE"工程，则应添加 DataGrid 控件。依次单击"工程"→"部件"命令，在弹出的"部件"对话框中选择 Microsoft DataGrid Control 6.0（OLEDB）控件。DataGrid 控件的基本属性如下：

（1）DataSource 属性：用于绑定到某个 Adodc 控件上，显示 Adodc 控件指定的记录集。该属性的取值是一个 Adodc 控件的名字。

（2）AllowAddNew 属性：用户是否能够通过 DataGrid 控件添加新记录。

（3）AllowDelete 属性：用户是否能够通过 DataGrid 控件删除记录。

（4）AllowUpdate 属性：用户是否能够通过 DataGrid 控件修改记录。

【例 12.2】利用 DataGrid 控件显示 stock.mdb 数据库中的库存表。运行结果如图 12-11 所示。

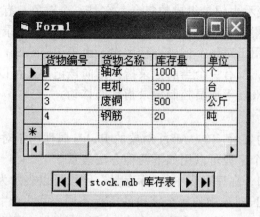

图 12-11　程序运行界面

程序设计步骤如下：
（1）新建一个"标准 EXE"工程。
（2）在 Form1 窗体上依次添加一个 DataGrid 控件和一个 Adodc 控件。
（3）将 Adodc1 控件连接到 stock.mdb 数据库中的库存表。
（4）在属性窗口中，设置对象其他属性，如表 12-3 所示。

表 12-3　属 性 设 置

控件	属性名	属性值
Adodc1	Caption	"stock.mdb 库存表"
DataGrid1	DataSource	Adodc1
	AllowAddNew	True
	AllowDelete	True

（5）可以通过 DataGrid 控件的最后一个空行向数据集中添加新的记录；可以在 DataGrid 控件中选择一条记录，然后按【Del】键，删除该记录；也可以直接在 DataGrid 控件中修改数据。

12.4　Adodc 控件的高级成员

本节将介绍 Adodc 控件的其他数据成员。

12.4.1　Refresh 方法

该方法用于刷新 Adodc 控件对数据库的连接，常位于对 RecordSource 属性赋值的语句之后。例如：

```
Adodc1.RecordSource="select * from 库存"
Adodc1.Refresh
```

该方法执行后，当前记录指针位于第一条记录。

12.4.2 RecordSet 属性

RecordSet 属性表示由记录组成的集合，它是一个对象，有自己的属性和方法，这些成员用于对记录集进行操作。其中 Fields 属性用于对记录集的某个字段进行操作；其他属性和方法用于对每个记录进行操作。由于 RecordSet 属性表示记录集，因此在访问每条记录时，都有一个当前记录指针指向该记录。可以利用 RecordSet 对象的 EOF、BOF、MoveNext 等成员控制记录指针的移动。

1. Fields 属性

（1）Fields 属性的表示。RecordSet 对象的 Fields 属性用于对记录集的某个字段进行操作，记录集的每个字段可以用如下两种方法表示。

① 名称法。例如，在库存表中，"库存量"字段可以表示为 Fields("库存量")。

② 下标法。Fields 对象中的每个字段的下标不同，第一个字段下标为 0，最后一个字段下标为 Count－1。例如，在库存表中，"库存量"字段可以表示为 Fields(2)。

（2）Fields 属性的成员。Fields 属性是一个对象，有自己的属性，这些属性用于对字段进行操作。

① Count 属性：可获得记录集中的字段个数。例如，Adodc1.Recordset.Fields.Count 获得 Adodc1 连接的记录集中字段的个数。

② Name 属性：可获得某个字段的字段名。例如，Adodc1.Recordset.Fields(2).Name 的取值为"库存量"。

可以使用以下代码在窗体加载时，将库存表中所有字段的名称显示在一个名为 cmb-Field 的 Combo 控件里。

```
Private Sub Form_Load()
  Dim i As Integer
  Adodc1.RecordSource="select * from 库存"     '连接库存表
  Adodc1.Refresh                                '刷新连接
  cmbField.Clear                                '清空 cmbField
  For i=0 To Adodc1.Recordset.Fields.Count-1
                        '将每个字段的名字作为一个项目，添加到 cmbField 中
    cmbField.AddItem Adodc1.Recordset.Fields(i).Name
  Next i
  cmbField.Text=cmbField.List(0)                '默认显示第一项
End Sub
```

③ Value 属性：表示某个字段的取值，是 Fields 对象默认的属性，可以省略。例如，Adodc1.Recordset.Fields("库存量")=100 表示将当前记录"库存量"字段取值设置为 100。

④ Type 属性：可获得某个字段的类型。例如，Adodc1.Recordset.Fields("货物名称")，Type 的取值为 202，表示 Text 文本类型。

2. EOF 和 BOF 属性

这两个属性用于判断当前记录指针是否超出记录集头部或尾部的范围。

（1）如果当前记录已经位于第一条记录时，再调用 MovePrevious 方法向前移动记录指针时，RecordSet 对象的 BOF 属性会被置为 True。

（2）如果"当前记录"已经位于最后一条记录，再调用 MoveNext 方法移动记录指针时，RecordSet 对象的 EOF 属性会被置为 True。

3．移动记录指针的方法

（1）MovePrevious 方法：将记录指针移到当前记录的前一条记录。

（2）MoveNext 方法：将记录指针移到当前记录的下一条记录。

（3）MoveFirst 方法：将记录指针移到第一条记录。

（4）MoveLast 方法：将记录指针移到最后一条记录。

例如，可以用如下语句访问记录集中的每条记录，将其"货物名称"字段的取值作为列表项，添加到一个名为 cmbName 的 Combo 控件中。

```
Adodc1.RecordSource="select * from 库存 "
Adodc1.Refresh
Do While Not Adodc1.Recordset.EOF
  cmbName.AddItem Adodc1.Recordset.Fields("货物名称")
  Adodc1.Recordset.MoveNext
Loop
```

上述 RecordSet 对象及成员的示意如图 12-12 所示。

图 12-12 RecordSet 对象及成员示意图

12.4.3 数据操作方法

可以使用 Adodc 控件的 AddNew、Delete 和 Update 方法，对数据进行添加、修改和删除操作。

1．数据的添加

可以使用 AddNew 和 Update 方法向数据集中添加新记录。

例如，用户在 txtNo、txtName、txtStorenum 和 txtUnit 文本框中输入新记录的各字段取值，可用下面的代码添加新记录：

```
Adodc1.Recordset.AddNew
Adodc1.Recordset.Fields("货物编号")=txtNo.Text
Adodc1.Recordset.Fields("货物名称")=txtName.Text
Adodc1.Recordset.Fields("库存量")=txtStorenum.Text
```

```
Adodc1.Recordset.Fields("单位")=txtUnit.Text
Adodc1.Recordset.Update
```

注意：添加数据时，可能出现字段类型不匹配，以及主索引字段为空或重复的情况，编程时要尽量考虑这些问题的出错处理。

2．数据的修改

可以使用 Update 方法修改数据。

例如，用户在 txtNo、txtName、txtStorenum 和 txtUnit 文本框中输入记录的各字段新的取值，可用下面的代码修改数据：

```
Adodc1.Recordset.Fields("货物编号")=txtNo.Text
Adodc1.Recordset.Fields("货物名称")=txtName.Text
Adodc1.Recordset.Fields("库存量")=txtStorenum.Text
Adodc1.Recordset.Fields("单位")=txtUnit.Text
Adodc1.Recordset.Update
```

注意：修改数据时，可能出现与添加数据类似的错误。

3．数据的删除

删除数据时，首先利用 SQL 语句找到待删除的记录，然后使用 Delete 方法删除。

例如，用户在 txtName 文本框中输入待删除记录的"货物名称"字段取值，可用下面的代码删除记录：

```
Adodc1.RecordSource="select * from 库存 where 货物名称='" & _
txtName.Text & "'"
Adodc1.Refresh
Adodc1.Recordset.Delete
```

注意：删除记录后，当前指针不能指向这条记录，所以必须修改当前指针，通常的做法是使用 Adodc1.Recordset.MoveNext 语句。当然，一般情况下还需要判断是否删除了所有记录或是只剩一条记录的情况。

12.5 实　例

【例 12.3】针对 stock.mdb 数据库中的"库存"表，编写一个库存管理程序。该系统的功能如下：

（1）程序运行的初始界面如图 12-13（a）所示，在 DataGrid 中显示库存表的所有数据，在"选择字段名"的下拉列表框中显示库存表的所有字段名。

（2）可在"选择字段名"的下拉列表框中选择字段名，然后在"选择字段值"的下拉列表框中选择字段值，根据字段名和字段值筛选出记录，显示在 DataGrid 中和文本框中，如图 12-13（b）所示。

（3）根据文本框中的内容，可单击"添加""删除"和"修改"按钮，完成对选定记录的添加、删除和修改操作。例如，在上一步中选择"轴承"记录，单击"删除"按钮，则该记录被删除。

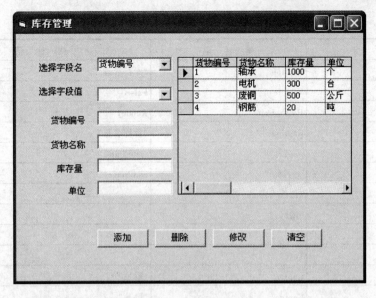

（a）初始界面

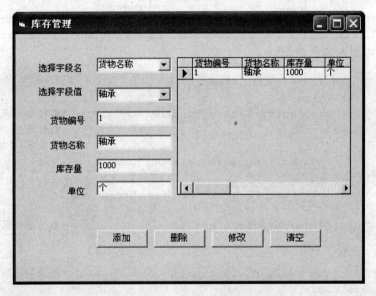

（b）操作过程界面

图 12-13　程序运行界面

程序设计步骤如下：

（1）新建一个"标准 EXE"工程。

（2）在 Form1 窗体上依次添加一个 DataGrid 控件和一个 Adodc 控件，如图 12-13（a）所示。

（3）将 Adodc1 控件连接到 stock.mdb 数据库中的库存表。

（4）在属性窗口中，设置对象的其他属性，Label 控件不赘述，如表 12-4 所示。

表 12-4 属 性 设 置

对象	属性名	属性值
Form1	Caption	"库存管理"
Adodc1	Visible	False
DataGrid1	DataSource	Adodc1
Label1	Caption	"货物名称"
Combo1	（名称）	cmbField
Combo2	（名称）	cmbName
txtNo	Text	""
txtName	Text	""
txtStorenum	Text	""
txtUnit	Text	""
cmdAdd	Capion	"添加"
cmdDel	Capion	"删除"
cmdEdit	Capion	"修改"
cmdClear	Capion	"清空"

（5）编写如下事件过程：

```
Private Sub Form_Load() '初始化
  Dim i As Integer
  Adodc1.RecordSource="select * from 库存"       '连接库存表
  Adodc1.Refresh                                  '刷新连接
  cmbField.Clear                                  '清空 cmbField
  For i=0 To Adodc1.Recordset.Fields.Count-1
'将每个字段的名字作为一个项目，添加到 cmbField 中
    cmbField.AddItem Adodc1.Recordset.Fields(i).Name
  Next i
  cmbField.Text=cmbField.List(0)                  '默认显示第一项
End Sub

Private Sub cmbField_Click()                      '选择字段取值
  cmbName.Clear
  Adodc1.RecordSource="select * from 库存"
  Adodc1.Refresh
  Do While Not Adodc1.Recordset.EOF
    cmbName.AddItem Adodc1.Recordset.Fields(cmbField.Text)
    Adodc1.Recordset.MoveNext
  Loop
  cmbName.Text=cmbName.List(0)
End Sub

Private Sub cmbName_Click()
  Dim condition As String
  condition=Trim(cmbField.Text)
  If Adodc1.Recordset.Fields(condition).Type=202 Then
```

```vb
'被选择字段类型为文本类型
    Adodc1.RecordSource="select * from 库存 where " & condition & "='" _
&cmbName.Text & "'"
  Else                          '被选择字段类型为数值类型
    Adodc1.RecordSource="select * from 库存 where "& condition & "=" _
& cmbName.Text
  End If
  Adodc1.Refresh
  txtNo.Text=Adodc1.Recordset.Fields("货物编号")
'将字段值在文本框中显示出来
  txtName.Text=Adodc1.Recordset.Fields("货物名称")
  txtStorenum.Text=Adodc1.Recordset.Fields("库存量")
  txtUnit.Text=Adodc1.Recordset.Fields("单位")
End Sub

Private Sub cmdDel_Click()              '删除记录
  If txtName.Text <> "" Then             '根据货物名称删除记录
    Adodc1.RecordSource="select * from 库存 where 货物名称='" _
& txtName.Text & "'"
    Adodc1.Refresh
    Adodc1.Recordset.Delete
    Adodc1.Recordset.MoveNext
    cmbName.Clear
    cmbField_Click             '在字段取值的下拉列表框中清除该记录的字段值
    cmdClear_Click             '清除文本框中该记录的显示
  End If
End Sub

Private Sub cmdEdit_Click()        '修改记录
  On Error GoTo errorhandler:      '如果出现主索引为重复的错误,则跳转到错误处理部分
  If txtNo.Text <> "" Then          '主索引字段取值不能为空
    Adodc1.RecordSource="select * from 库存 where 货物编号=" & txtNo.Text
    Adodc1.Refresh
                                   '将文本框中用户输入的各字段取值填入相应字段
    Adodc1.Recordset.Fields("货物编号")=txtNo.Text
    Adodc1.Recordset.Fields("货物名称")=txtName.Text
    Adodc1.Recordset.Fields("库存量")=txtStorenum.Text
    Adodc1.Recordset.Fields("单位")=txtUnit.Text
    Adodc1.Recordset.Update
  Else
    MsgBox "货物编号是主索引,不能为空",,"错误提示"
  End If
  Exit Sub
errorhandler:    MsgBox "货物编号是主索引,不能重复",,"错误提示"
End Sub
Private Sub cmdAdd_Click()         '添加记录
  On Error GoTo errorhandler:      '如果出现主索引为重复的错误,则跳转到错误处理部分
  If txtNo.Text <> "" Then          '主索引字段取值不能为空
    Adodc1.Recordset.AddNew
                                   '将文本框中用户输入的各字段取值填入相应字段
```

```
        Adodc1.Recordset.Fields("货物编号")=txtNo.Text
        Adodc1.Recordset.Fields("货物名称")=txtName.Text
        Adodc1.Recordset.Fields("库存量")=txtStorenum.Text
        Adodc1.Recordset.Fields("单位")=txtUnit.Text
        Adodc1.Recordset.Update

        cmbName.Clear
        Adodc1.RecordSource="select * from 库存 "
        Adodc1.Refresh
        Do While Not Adodc1.Recordset.EOF
          cmbName.AddItem Adodc1.Recordset.Fields(1)
          Adodc1.Recordset.MoveNext
        Loop
        cmbField_Click
        cmdClear_Click
      Else
        MsgBox "货物编号是主索引,不能为空",,"错误提示"
      End If
      Exit Sub
    errorhandler: MsgBox "货物编号是主索引,不能重复",,"错误提示"
    End Sub
```

小 结

支持数据库编程是 Visual Basic 的一项重要功能，Visual Basic 6.0 不仅引入了功能强大的 ADO 作为存取数据的新标准，还提供了新的数据环境设计器，使数据库编程更为灵活、简便。本章着重介绍了利用 Access 建立数据库，并利用 ADO 进行数据库访问，以及开发数据库管理程序的方法。

思考与练习题

一、思考题

1. 在 Visual Basic 中可以访问哪些类型的数据库？
2. 把 Adodc 控件添加到工具箱中的方法是什么？
3. 简述 Adodc 控件连接到数据源的步骤。
4. 如何使用可视化数据管理器创建一个数据库？
5. 常用的进行数据库连接的控件和数据显示的控件分别是什么？

二、选择题

1. 在 Visual Basic 中建立 Microsoft Access 2000 数据库文件的扩展名为(　　)。
   A. .doc　　　　　B. .mdb　　　　　C. .xls　　　　　D. .htm
2. Adodc 控件的 RecordSet 属性是一个对象，它的(　　)方法用于添加一条新的记录。
   A. MoveFirst　　　B. Edit　　　　　C. AddNew　　　　D. Delete

3. RecordSet 对象的 EOF 属性为真的情况是（　　）。
   A. 如果最后一条记录是当前记录，则在向下移动记录指针时
   B. 如果第一条记录是当前记录，则在向上移动记录指针时
   C. 在最后一条记录是当前记录时
   D. 第一条记录是当前记录时
4. 关于关系数据库中主键/主索引的说法错误的是(　　)。
   A. 主索引或称主键就是表中的一个字段或多个字段的组合
   B. 在主索引字段上取值不同的两个记录被看作不同的记录
   C. 可以为空，但不能重复
   D. 用来唯一标识每条记录
5. 在利用 Adodc1.RecordSource="select * from 库存" 对数据集进行连接之后，通常使用（　　）语句来刷新该连接。
   A. Adodc1.RecordSet.MoveFirst   B. Adodc1.Refresh
   C. Adodc1.RecordSet.Update   D. Adodc1.RecordSet.AddNew

三、填空题

1. Visual Basic 中，访问数据库的技术有_____、_____、_____ 3 种。
2. 数据库是由若干个_____构成，表是由若干个_____和_____构成。
3. 若建立 Adodc 数据控件到数据源的连接信息，须设置该控件的_____。
4. 查询"学生"表中"学生姓名"字段取值为"王红"的学生记录，对应的 SQL 语句为_____。
5. 数据显示控件如果要显示 Adodc1 控件所连接的记录集，则应该设置数据显示控件的_____属性，将其与 Adodc1 控件进行连接。

四、编程题

1. 建立一个银行账户管理程序，数据表包含如下字段：账号、密码、用户名、是否为活期、账户余额。该程序可以实现如下功能。
   （1）按照输入的"用户名"查询该用户创建的所有账号和余额信息。
   （2）根据输入的"用户名"销毁该账号。销毁前须输入账号密码，如符合则询问是否销毁，如不符合则提示密码错误。
   （3）可以支持创建新账户，要求用户输入所有信息，并添加到数据库中。
2. 针对【例 12.3】，考虑以下问题，并修改程序对以下情况的处理：
   （1）删除记录时，如果删除到最后一条程序会不会出错？全部删除时呢？该怎样处理？
   （2）添加和修改记录时，如果在文本框中输入的数据类型跟字段类型不匹配，会不会出错？该怎样处理？
   （3）可以使用文本框的控件数组实现吗？如何实现？

第 13 章 开发多媒体应用程序

随着计算机硬件技术的发展,多媒体已成为非常重要的技术,运用多媒体技术可使应用程序更加美观,达到更好的效果。

Visual Basic 提供了许多多媒体控件,如 MMControl 控件、MCIWnd 控件等。这些控件都为项目的开发带来了很大方便,使用户可更容易地掌握多媒体应用技术,即便是刚开始学习 Visual Basic 的用户,在了解了这些控件的基本属性和事件之后,也能开发出自己的多媒体应用程序。

本章要点

- 多媒体基础知识。
- MMControl 控件。
- MCIWnd 控件。
- API 多媒体函数的使用。

13.1 概 述

多媒体一词译自英文 Multimedia,指集合了文本、图像、声音、视频等各种传递信息的载体。其中音频和视频文件信息量较大且文件类型较多。音频文件的类型主要包括 WAV、MID 和 MP3;视频文件的类型主要包括 AVI、MOV、MPEG、MPG、MPA、MPV 和 DAT(VCD 文件)。

Visual Basic 提供了两个常用的多媒体控件:MMControl 和 WindowsMediaPlayer 控件。它们都可以播放多媒体文件。MMControl 在播放多媒体时,需要设置多媒体控件打开的设备类型;WindowsMediaPlayer 控件可实现多媒体的简单控制,使用很方便,用户只要将该控件引入程序界面中,无须编写任何代码就可播放如 WAV、MID、AVI 和 DAT 格式的多媒体文件。

13.2 MMControl 控件

MMControl 控件用于管理和控制各种接口(MCI)设备上的多媒体文件的记录与回放,这些设备有声卡、MIDI 发生器、CD-ROM 驱动器、音频播放器、视盘播放器和视频磁带录放器。使用该控件可以把音乐和视频添加到应用程序中。可通过在工具箱的右键快捷菜单中选择"部件"命令，再选中控件 Microsoft MultiMedia Control 6.0 将 MMControl 控件添加到工具箱中。

13.2.1 MMControl 控件的常用基本属性

MMControl 控件提供了一组控制按钮，如图 13-1 所示，可以通过这些按钮控制和管理 CD-ROM、VCD 播放器等设备。从左到右依次定义为前一个、下一个、播放、暂停、向后步进、向前步进、停止、录制和弹出。

图 13-1 MMControl 控件外观

1. AutoEnable 属性

该属性决定控件是否能够自动启动或关闭控件中的某个按钮。如果要使用其中的按钮，就需要将 AutoEnable 属性设置为 True；如果不使用，则将其设置为 False。

2. Command 属性

多媒体控件使用一套高层次的与设备无关的 Windows API 命令，被称为媒体控制接口（MCI）命令，可控制多种多媒体设备。其中的许多命令直接与多媒体控件的按钮对应。例如，Play 命令与"播放"按钮相对应。

多媒体控件本质上是该命令集的 Visual Basic 接口。如 Play 或 Close 等命令在 Win32（R）API 的 MCI 命令结构中都有等价命令，Play 对应 MCI_Play。表 13-1 列出了多媒体控件常用的 MCI 命令，以及与之对应的 Windows API 命令。

表 13-1 常用的 MCI 命令

命 令	MCI 命令	说　明
Open	MCI_Open	打开多媒体文件
Close	MCI_Close	关闭多媒体文件
Play	MCI_Play	播放多媒体文件
Pause	MCI_Pause	暂停播放
Back	MCI_Step	向后步进
Step	MCI_Step	向前步进
Stop	MCI_Stop	停止播放
Prev	MCI_Seek	跳到当前曲目的起始位置
Next	MCI_Seek	跳到下一曲目的起始位置
Seek	MCI_Seek	查找曲目
Record	MCI_Record	录制
Eject	MCI_Set	弹出
Sound	MCI_Sound	播放声音
Save	MCI_Save	保存文件

MMControl 控件的 Command 属性用于启动 MCI 命令。

例如，MMControl.Command="Open"。

3. DeviceType 属性

设置多媒体控件所要打开的设备类型,其语法格式为

```
MMControl.DeviceType=设备类型
```

其中"设备类型"可以是 AVIVideo、CDAudio、MMMovie、WaveAudio 等。打开简单设备(如不使用文件的音频 CD)时,该属性必须设置。如果文件的扩展名没有指定将要使用的设备,那么打开复杂 MCI 设备时也必须设置该属性。常见的多媒体设备类型及相关说明如表 13-2 所示。

表 13-2 常见的多媒体设备类型及相关说明

设 备 类 型	DeviceType 属性	文件类型	说 明
CD audio	cdaudio		音频 CD 播放器
Digital Audio Tape	dat		数字音频磁带播放器
Digital video	Digital video		窗口中的数字视频
Other	Other		未定义的 MCI 设备
Overlay	Overlay		视频重叠设备
Scanner	Scanner		图像扫描仪
Sequencer	Sequencer	.mid	音响设备数字接口(MIDI)序列发生器
Vcr	VCR		视频磁带录放器
Avi	AVIVideo	.avi	视频文件
videodisc	Videodisc		激光视盘播放器
waveaudio	Waveaudio	.wav	播放数字波形文件的音频设备

4. Orientation 属性

该属性用于决定控件中的按钮是水平排列还是垂直排列。当其属性值为 1 时,各按钮垂直排列;当其属性值为 0 时,则各按钮水平排列。

5. Frames 属性

该属性用于指定使用 Back 命令或 Step 命令时后退或前进的帧数。例如其属性值为 3,则每单击一次 Back 按钮或 Step 按钮,就后退或前进 3 帧。

6. Filename 属性

指定使用 Open 命令打开或 Save 命令保存的文件名。如果在运行时要改变 FileName 属性,就必须先关闭再重新打开 MCI 控件。其语法格式为

```
MMControl.FileName=完整的文件路径及名称
```

13.2.2 MMControl 控件编程的步骤

利用 MMControl 控件编程的步骤如下:
(1)添加多媒体控件 MMControl。
(2)利用 DeviceType 属性指定多媒体设备的类别。
(3)若需要,则使用 Filename 属性打开指定的文件。
(4)使用 Command 属性的 Open 命令打开媒体设备。

（5）使用 Command 其他属性控制媒体设备。
（6）使用 Command 属性的 Close 命令关闭媒体设备。

13.2.3 实例

【例 13.1】创建一个简单的播放 CD 的应用程序。运行结果如图 13-2 所示。

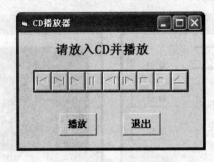

图 13-2　程序运行界面

程序设计步骤如下：

（1）新建一个"标准 EXE"工程。

（2）在窗体 Form1 中，添加一个标签控件、两个命令按钮和一个 MMControl 控件。它们的属性如表 13-3 所示。

表 13-3　属　性　设　置

对　　象	属　　性	属　性　值
Form1	Caption	"CD 播放器"
Label1	Caption	"请放入 CD 并播放"
Command1	（名称）	cmdPlay
	Caption	"播放"
Command2	（名称）	CmdQuit
	Caption	"退出"

（3）进入代码编程窗口中，编写如下事件过程：

```
    Private Sub cmdPlay_Click()             '定义DeviceType属性以及打开设备
      MMControl1.DeviceType="CDAudio"       'MCI设备类型为CD唱片
      MMControl1.Command="Open"             '打开设备
      MMControl1.Command="Play"
    End Sub
    Private Sub cmdQuit_Click()
      MMControl1.Command="stop"             '停止播放CD并结束
      END
    End Sub
    Private Sub Form_Unload(Cancel As Integer)
                                            '退出时关闭MCI设备，释放资源
      MMControl1.Command="Close"
    End Sub
```

（4）运行程序，将一张 CD 放进 CD-ROM 驱动器中，单击"播放"按钮或单击多媒体控件中的 Play 按钮，则 CD 开始播放。使用多媒体控件上的不同按钮控制 CD 的播放。

【例 13.2】应用 MMControl 控件打开并播放 AVI 格式的文件。其要求设计界面如图 13-3（a）所示，运行结果如图 13-3（b）所示。

（a）设计界面

（b）运行界面

图 13-3 程序运行界面

程序设计步骤如下：

（1）新建一个"标准 EXE"工程。

（2）在窗体 Form1 上添加一个图片框控件、3 个命令按钮和一个 MMControl 控件。设计的窗体如图 13-3 所示，其属性设置如表 13-4 所示。

表 13-4 窗体控件属性设置

对象	属性	属性值	功能
Form1	Caption	"AVI 播放器"	
PictureBox	（名称）	picPlay	使用该图片框作为播放窗口
Command1	（名称）	cmdPlay	定义 DeviceType 属性以及打开设备
	Caption	"播放"	
Command2	（名称）	cmdPause	暂停播放
	Caption	"暂停"	
Command3	（名称）	cmdQuit	停止播放 CD 并结束程序
	Caption	"退出"	
MMControl1	Visible	False	运行时不可见

（3）进入代码编辑窗口中，对控件编写代码如下：

```
Option Explicit
Private Sub cmdExit_Click()
  MMControl1.Command="Close"            '先发出关闭命令，再关闭程序
  Unload Me
End Sub
Private Sub cmdPause_Click()
  Static PauseTimes As Integer          '记录单击"暂停"按钮的次数
```

```
      PauseTimes=PauseTimes+1
      If  PauseTimes Mod 2=1 Then          '奇数,改变按钮的Caption属性
        cmdPause.Caption="继 续"
      Else
        cmdPause.Caption="暂 停"
      End If
      MMControl1.Command="Pause"           '执行Pause命令
    End Sub

    Private Sub cmdPlay_Click()
      cmdPause.Caption="暂 停"
      PauseTimes=0                         '变量重新初始化
      cmdPause.Enabled=True                '暂停按钮可以使用
      MMControl1.Notify=True
      MMControl1.Command="Play"            '播放
    End Sub

    Private Sub Form_Load()
      PauseTimes=0
      MMControl1.DeviceType="AVIVideo"     '指定MCI设备类型
      MMControl1.FileName=App.Path&"\earth.avi"  '设置播放的文件
      MMControl1.Command="Open"            '执行打开命令
      MMControl1.hWndDisplay=picPlay.hWnd  '在图片框上播放
      cmdPause.Enabled=False
    End Sub

    Private Sub MMControl1_Done(NotifyCode As Integer)
      If NotifyCode=1 Then                 '正常播放完毕
        MMControl1.To=0
        MMControl1.Command="Seek"          '移至开头
        cmdPause.Enabled=False
      End If
    End Sub
```

（4）运行程序。单击"播放"按钮播放指定的AVI文件,单击窗体上的"暂停"按钮暂停播放。播放完毕后,单击窗体上的"退出"按钮,结束程序。

13.3 WindowsMediaPlayer 控件

WindowsMediaPlayer控件⊙支持MP3等多种音频文件和VCD、AVI等多种视频文件的播放。

13.3.1 WindowsMediaPlayer 控件的添加

在工具箱的右键快捷菜单中选择"部件"命令,再选中"Windows Media Player"即可将WindowsMediaPlayer控件添加到工具箱中。

WindowsMediaPlayer 控件添加到窗体上时，外观如图 13-4 所示。

图 13-4　WindowsMediaPlayer 控件外观

13.3.2　WindowsMediaPlayer 控件的常用成员

（1）URL 属性：媒体文件的位置，可以是本机或网络地址。

（2）fullScreen 属性：是否全屏显示。

（3）controls 属性：播放器基本控制，这个属性有自己的子属性，包括：

① controls.play：播放。

② controls.pause：暂停。

③ controls.stop：停止。

④ controls.next：下一个文件。

⑤ controls.previous：上一个文件。

（4）settings 属性：播放器基本设置，这个属性有自己的子属性，包括：

① settings.volume：音量，取值为 0～100。

② settings.autoStart：是否自动播放。

③ settings.mute：是否静音。

13.3.3　实例

【例 13.3】应用 WindowsMediaPlayer 控件播放各种音频、视频文件。

程序运行时，显示播放器、音频和视频文件列表，如图 13-5（a）所示。单击文件列表中的某一项，则开始播放该文件。所有的文件被保存在工程文件夹下的"音频和视频"文件夹中，如图 13-5（b）所示。

（a）播放器　　　　　　　　　　　　　　（b）文件

图 13-5　程序运行界面

程序设计步骤如下：
（1）新建一个"标准 EXE"工程。
（2）建立程序用户界面。在窗体上添加 1 个 WindowsMediaPlayer 控件和 1 个 FileListBox 控件，如图 13-5（a）所示。
（3）进入代码编辑窗口中，编写如下事件过程。

```
Private Sub Form_Load()                '给出"音频和视频"文件夹中的文件列表
    File1.Path = App.Path & "\音频和视频"
End Sub

Private Sub File1_Click()              '播放被选择的文件
    WindowsMediaPlayer1.URL = App.Path & "\音频和视频\" & File1.FileName
    WindowsMediaPlayer1.Controls.play
End Sub
```

13.4　API 多媒体函数

用 Visual Basic 编制应用程序的时候，虽然能够完成几乎所有的 Windows 应用程序，而且非常快捷方便，但是，对于一些特殊要求，仅用 Visual Basic 提供的功能还不能实现，这样就达不到实际要求。可以通过调用 Windows API 函数解决 Visual Basic 本身很难完成的任务。

Windows 应用程序编程接口（Application Programming Interface，API）是操作系统支持的函数定义、参数定义和信息格式的集合，可以供其他应用程序调用。Windows API 函数分为图形管理函数、图形设备接口函数、系统服务函数和多媒体函数几种。作为动态链接库，API 可以被任何语言调用，且在 Visual Basic 程序中调用时首先要声明 API 函数。

13.4.1　API 函数声明

API 函数存在于 Visual Basic 应用程序之外的 Windows 自带的动态链接库(DLL)文件中，在使用时必须指定函数的位置和调用参数。声明一个 DLL 函数过程可以用 Declare 语句提供这类信息。在声明了 API 过程之后，可以把它当作 Visual Basic 自己的过程使用。

API 函数声明如下：

```
Declare Function Name Lib "Libname"[Alias Aliasname][([[ByVal]
variable[As type][,[ByVal]varaiable[As type]] ... ])]
```

（1）Name：必需，在程序中用于识别过程的名称。
（2）Lib：必需，关键字，包含所声明过程的动态链接库或代码资源。
（3）Libname：必需，所声明过程的动态链接库名或代码资源名，多媒体的动态链接库为 Winmm.dll。
（4）Alias：可选，关键字，被调用的过程在动态链接库（DLL）中的别名，为了防止因 API 函数和 Visual Basic 的函数重名而发生错误。

（5）Aliasname：可选，动态链接库或代码资源中的过程名。

（6）Variable：可选，调用过程所需的参数。

例如：

```
Declare Function mciExecute Lib "winmm.dll" (ByVal LpstrCommand As Long) As Long
```

13.4.2　API 多媒体函数

多媒体程序设计中常用的 API 函数如下：

（1）mciExecute()是一个最简单的函数，只有一个参数即 MCI 指令字符串，用于表明对声音文件播放的命令，比如希望完整播放声音文件，则该字符串就是字符串 play 加上声音文件的路径以及文件名称。当出现错误时将自动弹出对话框。例如：

```
x=mciExecute("play c:\windows\ding.wav")
```

（2）mciSendString()功能与上面的函数相同，但它可以传送相应的信息给应用程序，使用时需要四个参数。第一个是 MCI 命令字符串，第二个是缓冲区，第三个是缓冲区长度，第四个在 Visual Basic 中可置为 0。

（3）mciGetErrorString()说明上一个命令传回的错误代码所表示的意义。

（4）SndPlaySound()是一个可独立播放 WAV 语音文件的函数，需要两个参数。第一个参数 soundfile-name 是要播放的 WAV 文件的名称，第二个参数是一个表明播放方式的标识常量。使用相对来说比较简单，下面的例子可直接播放 Test.wav 文件。

```
i=SndPlaySound("Test.wav",1)
```

在实际应用中，还涉及很多具体的编程细节，比如播放进度的显示、播放进度的改变、视频播放窗口的控制、播放界面的设计等，因为 API 函数具有 Visual Basic 本身所不具有的优越性，所以用此方法可编制出高水准的多媒体控制程序及专业程序。

13.4.3　实例

【例 13.4】应用 mciExecute()函数制作 CD 播放器。

程序设计步骤如下：

（1）新建一个"标准 EXE"工程。

（2）在窗体上添加一个命令控件（名称属性为 cmdPlay，Caption 属性为"播放"）和一个通用对话框控件。

（3）在工程文件中添加模块 Module1，并在模块中声明使用的 API 函数，即

```
Public Declare Function mciExecute Lib "Winmm.dll" (ByVal LpstrCommand As String) As Long
```

（4）进入代码编辑窗口中，编写如下事件过程：

```
Private Sub cmdPlay_Click()
Dim tplay As Long                    '定义一个 mciExecute()函数使用的变量
CommonDialog1.Filter=" (*.avi)|*.avi|(*.wav)|*.wav| (vcd*.dat) |*.dat|_
    (midi *.mid)|*.mid"
```

```
CommonDialog1.Action=1                        '以打开的方式建立对话框
tplay=mciExecute("play "+CommonDialog1.FileName)
                                              '播放对话框中选定的文件
End Sub
```

小　　结

本章主要介绍了播放多媒体文件的步骤和如何指定多媒体设备类型，以及如何利用多媒体控件 MMControl、WindowsMediaPlayer 和 API 函数播放多媒体文件。用 MMControl 播放多媒体时，需要设置多媒体控件打开的设备类型，而 WindowsMediaPlayer 控件则具有自动判断设备类型的功能。

思考与练习题

一、思考题

1. 如何添加 MMControl 控件？
2. MMControl 控件编程的步骤是什么？
3. 在使用 WindowsMediaPlayer 控件的时候，如何停止播放文件？
4. 如何声明多媒体 API 函数？

二、选择题

1. Visual Basic 中的多媒体动态连接库为（　　）。
   A. Gdi32.dll   B. NetApi32.dll   C. Comdlg32.dll   D. Winmm.dll
2. WindowsMediaPlayer 控件中的（　　）属性设置全屏观看。
   A. fullScreen   B. AutosizeWindow   C. Settings   D. URL
3. 声明使用 API 函数时，（　　）参数是需要说明的。
   A. Name   B. Alias   C. Lib   D. Libname

三、填空题

1. 播放 AVI 文件的多媒体控件有_____、_____。
2. MMControl 控件中通知控件进行什么工作的属性是_____。
3. 在 Visual Basic 6.0 中，可以使用_____、_____两种 API 函数来播放 WAV 文件。
4. 利用 API 函数 mciExecute()打开 Test.wav 文件的语句为_____。
5. MMControl 控件中设置将要使用的多媒体设备类型的属性为_____。

四、编程题

利用 API 函数设计 CD 播放器，运行界面如图 13-6 所示。

图 13-6　用户化的媒体播放器运行界面

第 14 章 开发网络应用程序

Internet（因特网）是一个基于 TCP/IP 的全球性互联网络。TCP/IP 是一个协议簇，包括 HTTP、FTP、Telnet 等。Internet 有强大的通信功能，如文件传送、远程登录、E-mail、Internet Phone 和 Internet Fax 等，尤其是 WWW（World Wide Web）的出现可以使用户共享丰富的资源。WWW 的大规模兴起源于商业应用的普及和友好的用户界面，已有越来越多的公司企业利用 WWW 网页进行商品促销或对客户提供服务。使用 Visual Basic 增强的 Internet 功能可以在很短的时间内开发出实用的 Internet 网络应用程序。Visual Basic 提供了许多控件用于 Internet 编程，其中包括 Internet Transfer 控件和 Web Browser 控件。

本章要点

- 网络基础知识。
- Internet Transfer 控件。
- Web Browser 控件。

14.1 概　　述

本节介绍 Internet 相关的基础知识。Internet 中通信双方都必须遵守特定的规则，这个规则称为协议，Internet 采用的协议为 TCP/IP。TCP/IP 是分层的，每层包含若干子协议。Internet 提供的服务包括 WWW、FTP、E-mail 等网络服务。

1. 网络协议

网络协议就是网络中通信双方都要遵守的通信规则。

2. TCP/IP

TCP/IP 协议簇主要包括传输控制协议（TCP）和网际协议（IP）。TCP/IP 是供已连接 Internet 的计算机进行通信的通信协议。TCP/IP 定义了通信设备（如计算机）如何连入因特网，以及数据在它们之间传输的标准。IP 负责按逻辑地址在计算机之间传递信息。

3. IP 地址和域名

Internet 上的每台计算机都有唯一的 IP 地址。IP 地址由 4 组十进制数组成，例如

202.204.203.254。为了便于记忆，网络上的服务器通常用域名地址来表示，例如 www.sina.com.cn。

4．端口

网络中面向连接服务和无连接服务的通信协议端口是一种抽象的软件结构，包括一些数据结构和基本 I/O（基本输入/输出）缓冲区。例如，FTP 默认端口号为 21。

5．WWW 服务和 HTTP

Internet 提供的 WWW 服务是以超文本方式提供的多媒体信息服务，用户只要操作鼠标，就可以通过 Internet 从世界任何地方得到所希望的文本、图像、影视和声音等信息。Internet 上有许多计算机提供资源和服务，这些计算机称为服务器；而分享这些资源的计算机称为客户端。客户端和服务器之间通信要遵守 TCP/IP 中的 HTTP（超文本传输协议），也就是说，HTTP 是 WWW 服务中信息通信的规则。

6．HTML

HTML 用于在 WWW 中建立超文本网页的语言。它通过标准的标记符和属性符对一段网页内容进行描述，这段内容可以是文字、图片、音频或视频等。

7．URL

URL 是用于完整地描述 Internet 上网页和其他资源地址的一种标识方法。对于 WWW 服务，网页的 URL 地址格式为 http://www.域名/网页路径/网页名.htm。例如 http://www.sina.com/ index.htm 就是新浪网的主页 URL。

8．FTP 和 FTP 服务

FTP 服务是另一种 Internet 所提供的常见的服务，使 Internet 用户能够将文件从一台计算机复制到另一台计算机。FTP 是 Internet 上文件传输的协议。FTP 服务器有两种：公用的和私有的。公用服务器是对所有人开放的，而私有服务器只对授权用户开放。在这两种情况下，FTP 都有可能要求提供用户名和密码。例如，要登录到公用服务器，通常是以 anonymous 登录，然后用发送用户的"电子邮件名称"作为密码；如果要登录到私有服务器，必须提供合法的用户名和密码。

14.2 Internet Transfer 控件

Internet Transfer 控件是网络编程中常用的控件。它支持 Internet 上广泛使用的两种协议：超文本传输协议（HTTP）和文件传输协议（FTP）。利用这两种协议可进行 Internet 上的数据交换。使用 HTTP 可以连接到 WWW 服务器上检索 HTML 文档，使用 FTP 可以登录 FTP 服务器下载或上传文件。

可通过在工具箱的右键快捷菜单中选择"部件"命令，再选中控件 Microsoft Microsoft Internet Transfer Control 6.0 将 Internet Transfer 控件添加到工具箱中。

14.2.1 Internet Transfer 控件属性

（1）AccessType 属性：连接方式。一般来说，连接到 Internet 上的方式有两种：直接连接和通过代理服务器连接。AccessType 属性取值有 3 种，如表 14-1 所示。

表 14-1　AccessType 属性值

常　　数	值	描　　述
IcUseDefault	0	使用操作系统默认值连接到 Internet
IcDirect	1	控件可以直接连到 Internet
IcNamedProxy	2	需设置控件的 Proxy 属性，通过代理服务器接入 Internet

（2）Proxy 属性：一个和 Internet 进行通信的代理服务器的名称。只有当 AccessType 属性设置为 icNamedProxy（代理服务器方式）时，才需要使用该属性。

（3）URL 属性：要访问的 URL 地址。当调用 OpenURL 或 Execute 方法时，会改变该属性的值。该属性可等程序运行以后再指定。例如：

```
Inet1.URL="FTP://ftp.cisco.com/readme.txt"
```

（4）Protocol 属性：Execute 方法使用的协议类型，其取值及含义如表 14-2 所示。

表 14-2　Internet Transfer 控件的 Protocol 属性值

常　　数	值	描　　述
IcUnknown	0	未知的
IcDefault	1	默认协议
IcFTP	2	FTP（文本传输协议）
IcReserved	3	为将来预留
IcHTTP	4	HTTP（超文本传输协议）

（5）RemoteHost 属性：连接的远程服务器的名称，可以是域名，也可以是 IP 地址。

（6）RemotePort 属性：要连接的远程服务器的 IP 端口号，不同的 Internet 协议使用不同的端口号，如 FTP 的端口号为 21，HTTP 的端口号为 80。

（7）RequestTimeout 属性：连接服务器可以花费的最长时间。如果连接超过了这个时间，却没有连通服务器，则 Internet Transfer 控件就返回一个错误代码，报告连接失败。把这个属性设置为 0，就可以一直等待远程服务器的响应。

（8）UserName 属性：发送给远程计算机的用户名。

（9）Password 属性：发送给远程计算机的用户口令。如果该属性为空，则一旦提出请求时，控件将发送一个默认的密码，将 anonymous 作为用户名来发送。

Internet Transfer 控件发送的默认密码如表 14-3 所示。

表 14-3　默 认 密 码

UserName 属性	Password 属性	发送到 FTP 服务器的 UserName	发送到 FTP 服务器的 Password
Null 或""	Null 或""	"anonymous"	用户的电子邮件名
非空字符串	Null 或""	UserName 属性	""
Null 或""	非空字符串	错误	错误
非空字符串	非空字符串	UserName 属性	Password 属性

14.2.2　Internet Transfer 控件方法

1. OpenURL 方法

OpenURL 方法用于打开 URL 参数指定的地址上的文档，并返回此文档的内容。它以同步方式工作，返回的文档内容以两种方式存储：一种是字符串，一种是二进制字节流。OpenURL 的语法格式为

```
对象.OpenURL.URL ,数据类型
```

（1）"对象"为 Internet Transfer Control 控件名称。

（2）URL 指明了要打开文档的 URL。

（3）"数据类型"是一个可选参数，可以设置为 0 和 1。其中 0 为默认设置，表示以字符串的形式接收数据；1 为以字节形式接收数据。

OpenURL 方法返回的具体文档内容取决于目的 URL。若目的 URL 是 HTML 文档，则返回 HTML 源代码；若目的 URL 是一个二进制文件（例如.exe 文件），则返回的就是此文件的二进制字节流，必须把这个字节流保存到文件中。

例如：

```
Text1.Text=Inet1.OpenURL("http://www.cctv.com",0)
```

若目的 URL 是一个文本文件，则它返回的就是文件的文本，例如：

```
Text1.Text=Inet1.OpenURL("ftp://zlp.mydiscuz.net/web/index.htm d:/a.html ,0)
```

2. Execute 方法

Execute 方法可以完成 FTP 和 HTTP 支持的操作。它可以执行对远程服务器的请求命令，如接收文件、发送文件，甚至删除远程服务器的目录。此方法以异步方式工作，其格式为

```
对象.Execute URL, 操作, 数据, 请求的标头
```

（1）"对象"为 Internet Transfer 控件名字。

（2）URL 是要链接的 URL 地址。

（3）"操作"描述具体操作的字符串。表 14-4 列出了支持 HTTP 的操作，表 14-5 列出了支持 FTP 的操作。

（4）"数据"设置参与操作的数据。

（5）"请求的标头"为要求远程主机传送过来的附加信息。

例如，要从远程计算机中得到一个文件，可用下面的代码：

```
Inet1.Execute "FTP://ftp.cisco.com", "GET README.txt c:\Temp\test.txt"
```

表 14-4　支持 HTTP 的操作

操作	描述
GET	从指定的 URL 处取回数据
POST	向服务器发送数据
PUT	提供附加数据，把"数据"中指定的数据上载到服务器
HEAD	发送请求标头

表 14-5 支持 FTP 的常用操作

GET 文件1，文件2	将 FTP 服务器上的"文件1"复制到本地的"文件2"中
PUT 文件1，文件2	将本地"文件1"复制到 FTP 服务器的"文件2"中
CD 目录	改变当前目录，目录在参数中设置
MKDIR 目录	在 FTP 服务器上创建目录
PWD	显示当前 FTP 服务器上的路径
RMDIR	删除 FTP 服务器上的目录
Close	关闭当前 FTP 连接
QUIT	退出当前 FTP 对话
RENAME 文件1，文件2	把 FTP 服务器中"文件1"改为"文件2"
SIZE	返回指定的文件和目录的大小

3. Cancel 方法

Cancel 方法取消当前操作并关闭已建立的连接。其语法格式为

```
对象.Cancel
```

4. GetChunk 方法

通过 GetChunk 方法从远程计算机下载数据时，将建立异步连接。通常在 StateChanged 事件中调用。GetChunk 方法的语法格式为

```
对象.GetChunk(数据量 ,数据类型 )
```

（1）"数据量"指明要取出数据的长度。
（2）"数据类型"为 0 是字符串，为 1 是字节数组。
例如：

```
vtData=Inet1.GetChunk(1024, icString)
```

14.2.3 Internet Transfer 控件事件

Internet Transfer 控件有一个 StateChanged 事件，当连接状态发生改变时，如登录成功、命令接收成功、断线等都会触发该事件。该事件的处理函数提供一个 State 参数，它的值表明当前连接状态。通常在 StateChanged 事件中通过判断 State 值来确定当前状态，然后做出相应处理。表 14-6 列出了 State 的可能取值。

表 14-6 State 状态参数

值	参数	描述
0	icNone	无状态可报告
1	icHostResolvingHost	该控件正在查询所指定主机的 IP 地址
2	icHostResolved	该控件已成功地找到所指定主机的 IP 地址
3	icConnecting	该控件正在与主机连接
4	icConnected	该控件已与主机连接成功
5	icRequesting	该控件正在向主机发送请求

续表

值	参数	描述
6	icRequestSent	该控件发送请求已成功
7	IcReceivingResponse	该控件正在接收主机的响应
8	icResponseReceived	该控件已成功地接收到主机的响应
9	icDisconnecting	该控件正在解除与主机的连接
10	icDisconnected	该控件已成功地与主机解除连接
11	icError	与主机通信时出现错误
12	icResponseCompleted	该请求已经完成,并且所有数据均已接收到

14.2.4 实例

【例 14.1】应用 Internet Transfer 控件从 WWW 服务器下载 HTML 文档。程序运行结果如图 14-1 所示。

图 14-1 程序运行界面

程序设计步骤如下:

(1)新建一个"标准 EXE"工程。

(2)在窗体中添加 2 个标签、2 个文本框、1 个 Inet 控件和 1 个命令按钮。其属性设置如表 14-7 所示。

表 14-7 对象属性设置

对象	属性	属性值
Label1	Caption	"输入网址"
Text1	Caption	空
Text2	MultiLine	True
	ScrollBars	3-Both
Label2	Caption	"正在传输数据"
Command1	(名称)	cmdDisplay
	Caption	"显示"

(3)进入代码编辑窗口中,编写如下事件过程:

```vb
Private Sub cmdDisplay_Click()
    cmdDisplay.Enabled=False        '防止上一次操作完成时触发下一次操作
    Me.MousePointer=11              '显示等待光标
    If Len(Text1.Text) > 11 Then    'Text1文本框中的字符长度必须大于11
                                    '(http://www)
      Text2.Text=Inet1.OpenURL(Text1.Text, icString)
    Else
     MsgBox "输入错误地址"
    End If
End Sub
Private Sub Inet1_StateChanged(ByVal State As Integer)
    Select Case State               '建立连接和数据传输中的不同状态
                                    '触发 StateChanged 事件
        Case icConnecting
          Label2.Caption="正在建立链接..."
        Case icConnected
          Label2.Caption="链接建立成功"
        Case icReceivingResponse
          Label2.Caption="正在传输数据"
        Case icError
          MsgBox "传输中产生了错误"
        Case icDisconnected
          Label2.Caption="数据传输完毕"
          Me.MousePointer=0         '换成默认坐标
          cmdDisplay.Enabled=True
    End Select
End Sub

Private Sub Form_Terminate()
    If Inet1.StillExecuting Then    '关闭程序时,检查是否还在传输数据
      Inet1.Cancel                  '取消当前操作,然后退出
    End If
End Sub
```

（4）运行程序，在地址栏中输入 URL，单击"显示"按钮，就会调来所需要的 HTML 文档。

【例 14.2】利用 Internet Transfer 控件设计一个可以连接 FTP 服务器的客户端程序。运行结果如图 14-2 所示。

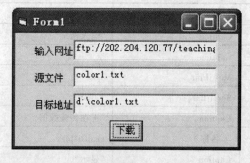

图 14-2　程序运行界面

程序设计步骤如下：
（1）新建一个"标准 EXE"工程。
（2）在窗体中添加 3 个 Label 控件、3 个 Text 控件、1 个 Inet 控件和 1 个 Command 控件。其属性设置如表 14-8 所示。

表 14-8 【例 14.2】对象属性设置

对 象	属 性	属 性 值
Label1	Caption	"输入网址"
Label2	Caption	"源文件"
Label3	Caption	"目标地址"
Text1、Text2、Text3	Caption	空
Inet 控件	Protocol	2-icFTP
	AccessType	1-icDirect
	Username	空
	Password	空
Command1	（名称）	cmdDownload
	Caption	"下载"

（3）进入代码编辑窗口中，编写如下事件：

```
Private Sub cmdDownload_Click()
  Dim strSource As String, strDes As String
  Inet1.URL=Text1.Text
  Inet1.OpenURL                                      '建立连接
  strSource=Text2.Text
  strDes=Text3.Text
  Inet1.Execute , "GET " & strSource & " " & strDes '执行GET操作
  Inet1.Execute , "QUIT"
End Sub

Private Sub Form_Terminate()
  If Inet1.StillExecuting Then
    Inet1.Cancel
  End If
End Sub
```

（4）运行程序，输入下载文件的网址、文件路径、保存到本地的路径，然后单击"下载"按钮即可。

14.3 Web Browser 控件

虽然 Web Browser 控件支持 HTTP 及 FTP，但是它没有提供图形模式的存取方式，所得到的文件仅能以文本模式传回。若传回的文件包含图形，还必须将所得到的 HTML 文件用程序进行一个转换。

Visual Basic 提供了一个 Web Browser 控件，它提供 HTTP 通信和 HTML 文档解释

功能，可正确解释接收到的 HTML 文档，并按一定界面的格式显示。

可以通过如下方法在工具箱中添加 Web Browser 控件：在工具箱右键快捷菜单中选择"部件"，在弹出的"部件"对话框中选择 Microsoft Internet Controls 选项。Web Browser 控件在工具箱中的图标是 。

14.3.1 Web Browser 控件属性

（1）LocationName 属性：Web Browser 控件上显示的网页的标题。

（2）LocationURL 属性：Web Browser 控件上显示的网页的 URL 地址。

（3）Busy 属性：浏览器控件是否正在连接站点或下载文件。当浏览器忙的时候，可以用 Stop 方法来强制停止当前的操作。

（4）Offline 属性：浏览器控件是否支持离线浏览。如果 Offline 属性值为 False，浏览器控件每次都从服务器上下载最新页面；如果 Offline 属性值为 True，浏览器控件每次都从本地 Cache 的临时文件夹中读取 HTML 页面。

14.3.2 Web Browser 控件方法

Web Browser 控件方法如下：

（1）Navigate 方法：转移到 URL 参数中指定的网页。

（2）GoBack 方法：在历史列表中向后移动一个网页。

（3）GoForward 方法：在历史列表中向前移动一个网页。

（4）GoHome 方法：显示主页。

（5）GoSearch 方法：转移到 Internet Explorer 中指定的搜索网页。

（6）Refresh 方法：重新下载并显示当前网页。

（7）Stop 方法：取消当前的下载进程。

14.3.3 Web Browser 控件事件

Web Browser 控件的事件都是与浏览过程有关的。常用事件如下：

（1）NavigateComplete2：在浏览一个新的网页时触发。

（2）DownloadComplete：在下载操作结束后触发。

（3）ProgressChange：当传输的进程发生变化时触发。

（4）TitleChange：在当前网页的标题发生改变时触发。

（5）NewWindow2：在为一个新网页创建一个新的窗口时触发。

14.3.4 实例

【例 14.3】应用 Web Browser 控件制作一个简单的浏览器。程序运行结果如图 14-3 所示，包含工具栏，地址栏，浏览窗口几个部分。工具栏包含后退到前一个页面、进入到下一个页面、刷新当前页面、显示主页和浏览等功能。

程序设计步骤如下：

（1）新建"标准 EXE"工程。

（2）在窗体中添加 1 个组合框控件，用于保存 URL，并添加 1 个 WebBrowser 控件、

1个图片列表框和1个工具栏控件。

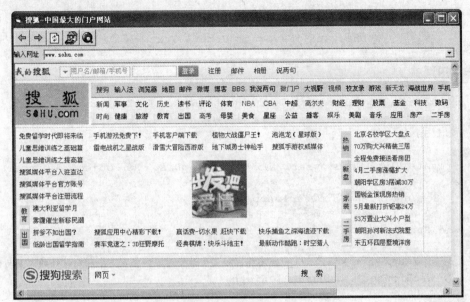

图 14-3　程序运行界面

（3）进入代码编辑窗口中，编写如下事件：

```
Private Sub Combo1_KeyDown(KeyCode As Integer, Shift As Integer)
    Dim i As Long
    Dim existed As Boolean
    If KeyCode=13 Then
        WebBrowser1.Navigate Combo1.Text        '浏览指定页面
        For i=0 To Combo1.ListCount-1
            If Combo1.List(i)=Combo1.Text Then
                existed=True
                Exit For
            Else
                existed=False
            End If
        Next
        If Not existed Then
            Combo1.AddItem Combo1.Text          '如果输入新的网站则自动保存
        End If
    End If
End Sub

Private Sub ToolBar1_ButtonClick(ByVal Button As Button)
    Select Case Button.Key
        Case "Back"
            WebBrowser1.GoBack                  '浏览上一个网页
        Case "Forward"
            WebBrowser1.GoForward               '浏览前一个网页
        Case "Refresh"
            WebBrowser1.Refresh                 '刷新当前网页
```

```
            Case "Home"
                WebBrowser1.GoHome                       '回到首页
            Case "Browse"
                WebBrowser1.Navigate Combo1.Text         '浏览指定页面
        End Select
End Sub

Private Sub WebBrowser1_TitleChange(ByVal Text As String)
    Caption=Text               '当前浏览的网页的标题发生改变时,显示在窗体标题处
End Sub

Private Sub WebBrowser1_NewWindow2(ppDisp As Object, Cancel As Boolean)
    Set ppDisp=WebBrowser1.Application
    '在WebBrowser1中而不是IE中打开新页面
End Sub

Private Sub Form_Resize()  '当窗体大小发生改变时,调整窗体中相应控件的大小与位置
    WebBrowser1.Width=ScaleWidth
    WebBrowser1.Height=ScaleHeight-Toolbar1.Height-Combo1.Height-70
    Combo1.Width=Form1.Width-Label1.Width
End Sub
```

（4）运行程序,当用户输入完网址后,按【Enter】键,则可以浏览对应页面,或者选择工具栏中的"浏览"按钮。用户可以继续输入网址,或者在组合框中选择已有网址进行浏览。

小 结

本章介绍了网络的一些基本概念,以及怎样利用 Internet Transfer 和 Web Browser 控件编写 Internet 程序。虽然它们都支持 HTTP 及 FTP 协议,但是 Internet Transfer 控件不能提供图形模式的存取方式,而使用 Web Browser 控件则可以做到这一点。

思考与练习题

一、思考题

1. Visual Basic 用于网络应用程序开发的常用控件有哪些？
2. 如何添加 Internet Transfer 控件？
3. 如何添加 Web Browser 控件？
4. 计算机连接到 Internet 上的方式有哪些？

二、填空题

1. Internet Transfer 控件支持的协议有_____和_____。
2. Internet Transfer 控件的_____属性返回远程计算机的名称。
3. Internet Transfer 控件的常用方法包括_____、_____、_____、_____。
4. Internet Transfer 控件的常用事件包括_____。

5. Web Browser 控件的_____方法用于重新下载当前页面。

三、编程题

编写一个简单的浏览器，利用文本框输入地址，利用 Web Browser 控件显示页面，如图 14-4 所示。

图 14-4　程序运行页面

参 考 文 献

[1] 龚沛曾，杨志强，陆慰民．Visual Basic 程序设计教程[M]．4 版．北京：高等教育出版社，2013．
[2] 王栋．Visual Basic 程序设计实用教程[M]．4 版．北京：清华大学出版社，2013．
[3] 薛红梅，张永强．Visual Basic 项目教程[M]．北京：科学出版社，2015．
[4] 朱文婕．Visual Basic 6.0 程序设计[M]．合肥：安徽大学出版社，2012．
[5] 林卓然．Visual Basic 程序设计教程[M]．3 版．北京：电子工业出版社，2011．
[6] 罗朝盛．Visual Basic 6.0 程序设计教程[M]．北京：人民邮电出版社，2009．
[7] 施奈德．Visual Basic 程序设计[M]．9 版．张长富，贺军，译．北京：清华大学出版社，2014．
[8] 刘炳文，杨明福，陈定中．Visual Basic 语言程序设计[M]．北京：高等教育出版社，2013．